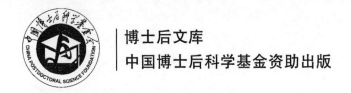

博士后文库
中国博士后科学基金资助出版

基于矩信息的鲁棒优化
模型、算法及应用

张玉利　著

U0220673

科学出版社
北　京

内 容 简 介

本书主要介绍不确定性环境下基于随机参数矩信息的鲁棒优化方法，讨论其模型构建、算法设计及实际应用等方面的最新研究成果。本书旨在为不确定性环境下优化决策提供理论建模、算法设计及分析的新方法和工具，同时为复杂环境下供应链管理、运营管理、物流运作等实际问题提供科学决策支持。

本书可供从事数学规划、管理科学与工程等相关领域的学者、工程技术人员参考，也可供高等院校运筹学与应用数学、工业工程、物流与供应链管理、控制科学与工程、计算机科学等专业高年级本科生、研究生学习使用。

图书在版编目(CIP)数据

基于矩信息的鲁棒优化模型、算法及应用/张玉利著. —北京：科学出版社，2024.4
(博士后文库)
ISBN 978-7-03-078362-2

Ⅰ. ①基…　Ⅱ. ①张…　Ⅲ. ①鲁棒控制　Ⅳ. ①TP273

中国国家版本馆 CIP 数据核字(2024)第 071627 号

责任编辑：姚庆爽 / 责任校对：崔向琳
责任印制：赵　博 / 封面设计：无极书装

科学出版社 出版
北京东黄城根北街 16 号
邮政编码：100717
http://www.sciencep.com
北京中石油彩色印刷有限责任公司印刷
科学出版社发行　各地新华书店经销
*
2024 年 4 月第 一 版　开本：720×1000　1/16
2025 年 1 月第三次印刷　印张：9 1/4
字数：187 000
定价：98.00 元
(如有印装质量问题，我社负责调换)

"博士后文库"编委会

主　任　李静海

副主任　侯建国　李培林　夏文峰

秘书长　邱春雷

编　委（按姓氏笔画排序）

"博士后文库" 序言

1985 年，在李政道先生的倡议和邓小平同志的亲自关怀下，我国建立了博士后制度，同时设立了博士后科学基金。30 多年来，在党和国家的高度重视下，在社会各方面的关心和支持下，博士后制度为我国培养了一大批青年高层次创新人才。在这一过程中，博士后科学基金发挥了不可替代的独特作用。

博士后科学基金是中国特色博士后制度的重要组成部分，专门用于资助博士后研究人员开展创新探索。博士后科学基金的资助，对正处于独立科研生涯起步阶段的博士后研究人员来说，适逢其时，有利于培养他们独立的科研人格、在选题方面的竞争意识以及负责的精神，是他们独立从事科研工作的"第一桶金"。尽管博士后科学基金资助金额不大，但对博士后青年创新人才的培养和激励作用不可估量。四两拨千斤，博士后科学基金有效地推动了博士后研究人员迅速成长为高水平的研究人才，"小基金发挥了大作用"。

在博士后科学基金的资助下，博士后研究人员的优秀学术成果不断涌现。2013 年，为提高博士后科学基金的资助效益，中国博士后科学基金会联合科学出版社开展了博士后优秀学术专著出版资助工作，通过专家评审遴选出优秀的博士后学术著作，收入"博士后文库"，由博士后科学基金资助、科学出版社出版。我们希望，借此打造专属于博士后学术创新的旗舰图书品牌，激励博士后研究人员潜心科研，扎实治学，提升博士后优秀学术成果的社会影响力。

2015 年，国务院办公厅印发了《关于改革完善博士后制度的意见》（国办发〔2015〕87 号），将"实施自然科学、人文社会科学优秀博士后论著出版支持计划"作为"十三五"期间博士后工作的重要内容和提升博士后研究人员培养质量的重要手段，这更加凸显了出版资助工作的意义。我相信，我们提供的这个出版资助平台将对博士后研究人员激发创新智慧、凝聚创新力量发挥独特的作用，促使博士后研究人员的创新成果更好地服务于创新驱动发展战略和创新型国家的建设。

祝愿广大博士后研究人员在博士后科学基金的资助下早日成长为栋梁之才，为实现中华民族伟大复兴的中国梦做出更大的贡献。

中国博士后科学基金会理事长

前　　言

不确定性因素在各类系统中广泛存在，并对系统性能产生重要的影响。近年来，鲁棒优化理论和方法因其不依赖系统随机参数的精确概率分布、模型可计算性强、模型决策抗风险能力强等优势，逐渐成为管理科学与工程领域的前沿研究热点。本书针对基于随机参数矩信息的鲁棒优化方法进行深入探讨，详细介绍其模型构建、等价转化、算法设计等相关技术，并讨论其在库存管理、路径规划等问题中的实际应用。

全书共分为 6 章。第 1 章从经典的确定性优化问题出发，概述确定性优化、随机优化、风险优化及鲁棒优化的基本模型和思想，重点介绍基于不确定性集的鲁棒优化方法和基于分布函数集的鲁棒优化方法。第 2 章分别介绍采用鲁棒期望目标函数和鲁棒条件风险价值目标函数的鲁棒优化模型；利用广义对偶原理，给出等价的确定性优化模型及解析结果，为后续章节提供理论基础。第 3 章提出基于鲁棒期望目标函数的库存管理方法，设计参数搜索算法，通过分析库存管理鲁棒优化模型的结构特点，给出具有路径约束的等价混合 0-1 二阶锥规划模型，进而设计精确的参数搜索算法。第 4 章提出基于鲁棒条件风险价值函数的路径规划方法，设计有效算法，给出鲁棒最短路问题的等价协正锥规划模型，提出基于等价对偶问题的场景估计方法和半正定估计算法。第 5 章提出求解随机参数独立的鲁棒优化模型的参数搜索算法。以鲁棒最短路问题为例，详细介绍参数搜索算法框架，包括基于梯度的单调下降参数搜索、基于交叉点的双向参数搜索、改进的区间参数搜索等技术，并介绍针对路径约束的加速标签修正算法。第 6 章提出求解随机参数相关的鲁棒优化模型的两类拉格朗日算法。以二次最短路问题为例，介绍协方差矩阵分解、约束生成算法及次梯度投影算法等技术，并分析算法的对偶间隙。

本书相关研究成果得到国家自然科学基金项目 "一体化供应链弹性物流网络设计与优化"(72271029)、"电动汽车光伏充换电站网络随机鲁棒运营优化研究"(71871023)，科技创新 2023——重大项目课题 "云边端融合架构下的工业产品主数据融合管理技术"(2022ZD0115403)、"复杂制造环境下人机物三元协同决策优化方法"(2018AAA0101602)，国家自然科学基金委员会与加拿大魁北克研究基金会合作研究项目 "大数据驱动的智慧城市服务运营管理——基于系统耦合的视角"(72061127001) 等项目的资助。

　　本书的编写得到清华大学吴澄院士、宋士吉教授、申作军教授等的大力支持，在此向他们表示衷心感谢！

　　限于作者水平，书中难免存在不妥之处，恳请广大读者批评指正。

作　者

2024 年 1 月于北京

目　　录

第 1 章 概　　述

1.1　不确定性与风险

不确定性因素在各类系统中广泛存在，并且会对系统性能产生很大的影响。研究不确定性现象，降低系统决策的风险具有重要的理论价值和现实意义。

在学术界和工程实践中，目前对不确定性尚无一致认可的定义[1]。在通常的研究和工程应用中，我们可以采用具有特定概率分布的随机变量、模糊变量或者不确定性集等方式来描述和刻画系统的各类不确定性因素。Verderame 等[2] 详细讨论了农林业、电力能源、石油石化、交通运输等领域各类不确定性因素的描述方式，并指出研究者往往采用正态分布随机变量、指数分布随机变量、有界随机变量等来描述各类系统中的各种不确定性，如需求不确定性、运输服务时间不确定性、顾客到达数量不确定性、运输工具到达时间不确定性等。

不同研究者对于风险的定义也略有不同。一般来说，研究者往往采用不希望事件发生的概率及其发生时产生的后果严重程度等方式来定义风险[3-5]。具体而言，我们可以将风险定义为损失大小的不确定性或者某个事件可能结果的不确定性。风险的两个关键特征是其不确定性和呈现度。Samson 等[1] 深入分析了不确定性和风险两者之间的关系。他们采用不确定性区间来描述不确定性，然后以其随机概率分布描述风险，建立两阶段模型。

风险管理是一门研究历史悠久且内涵丰富的学科。在经历了 20 世纪 30 年代的经济大萧条之后，各国学者对风险的研究更加重视。20 世纪 70 年代，学术界已经形成关于风险的比较系统化的研究体系。现在的风险管理已经成为组织管理的一个重要研究方向，并在金融财政、企业运营、项目管理等领域得到广泛的应用。在学术界，研究者对风险构成要素、风险判别、风险量化、风险评估、风险干预等理论和方法进行了深入的研究[6]。

不确定性优化决策和风险管理有紧密的联系。本书主要研究系统参数的不确定性，并认为其具有随机性，用随机变量的概率分布函数来描述决策问题中的不确定性。但是，由于不确定性的未知性，系统随机参数的精确概率分布信息往往无法得到。为此，一族概率分布函数 (即分布函数集) 被提出来。具体而言，随机参数的分布函数集可以基于随机参数的矩信息 (支撑集、均值、协方差矩阵等) 进行构造。假定该分布函数集包含随机参数的真实分布，为了降低系统决策的风险，人们提出一种抗干扰能力强、可靠性高的决策方法，即鲁棒优化方法。鲁棒优化方法的特点在于，通过选取合适的分布函数集和风险度量函数来提高决策的可靠性。

研究基于矩信息的鲁棒优化方法具有重要的理论意义。

一方面，传统的运筹优化方法，如线性规划、动态规划等，往往都假定系统参数的取值是确定的、已知的。然而，在实际工程应用中，我们往往无法提前预知这些参数的精确取值，或者系统参数的取值本身就处在随机波动中。为此，学者先后提出随机优化 [7,8]、基于不确定性集的鲁棒优化 [9-11] 等处理方法。虽然这些方法可以处理系统参数的随机性和波动性，但是这些方法也存在一些不足之处。例如，需要假定已经知道系统随机参数的精确概率分布信息，或者大量历史采样信息。然而，在实际工程中，我们常常无法预知系统随机参数的精确概率分布信息，或者无法提前获得大量采样数据。即使我们将随机参数的概率分布假定为正态分布或者指数分布等常见的分布，处理随机模型 (stochastic model, SM) 往往也需要计算多重积分，从而导致模型计算比较困难。基于不确定性集的鲁棒优化方法可以处理模型参数的波动性，不需要提前知道系统参数的精确概率分布信息。但是，基于不确定性集的鲁棒优化方法给出的决策往往过于保守，导致系统性能不佳。与随机优化和基于不确定性集的鲁棒优化方法相比，基于矩信息的鲁棒优化模型只需要少量的历史样本就可以估计出系统随机参数的支撑集、均值和协方差等信息，不需要系统参数的精确概率分布信息，同时又能避免做出过于保守的决策，具有较好的系统性能。

另一方面，我们借鉴风险优化中的风险度量函数，将其作为鲁棒目标函数，提高决策的鲁棒性，并发展完善传统风险决策模型。传统风险决策模型往往基于随机参数的精确分布信息，因此可以看作随机优化模型的一部分。其对应的损失函数是单个随机变量。基于矩信息的鲁棒优化方法采用概率分布函数集描述系统随机因素，损失函数为一族随机变量。利用鲁棒优化的思想，我们将基于矩信息的鲁棒优化模型的风险定义为这一族概率分布中最差情况下的损失。因此，我们将传统风险度量的概念推广为鲁棒的风险度量。

1.2　不确定性优化方法概述

1.2.1　确定性优化

我们首先给出一般确定性优化问题 (optimization problem, OP) 的数学模型。该模型 (P) 具有如下形式，即

$$(\text{P})\quad \min_{x\in X}\ f(x,\xi) \tag{1.1}$$

其中，ξ 为系统参数，这里假定其为已知的确定性参数；x 为决策变量，是 n 维决策变量；$X \in \mathbf{R}^n$ 为模型的可行域；$f(x, \xi)$ 为模型的目标函数，它的值取决于决策 x 和系统参数 ξ。

在优化模型 (P) 中，我们认为其可行域和参数都是已知、确定性的。

为了简化后续讨论，假定系统的不确定性参数 ξ 只存在于模型的目标函数中，不影响系统的可行域。在后续的几节中，我们分别讨论处理不确定性环境下决策问题的随机优化方法、风险优化方法和鲁棒优化方法。我们假设优化模型的最优解总是存在，因此不再区分 max(min) 和 sup(inf)。

1.2.2 随机优化

随机优化假定模型参数 ξ 是随机向量，其概率分布函数 F 是提前已知的。当 ξ 为随机向量时，对于任意的 $x \in X$，$f(x, \xi)$ 也是一个随机变量。因此，随机优化可以利用期望函数来评价系统决策 $x \in X$ 对应的系统费用，即随机优化模型以 $E_F[f(x, \xi)]$ 作为决策的目标函数，其中 $E_F[\cdot]$ 是根据分布函数 F 计算的期望值。随机优化 (stochastic programming, SP) 模型具有如下形式，即

$$(\text{SP}) \quad \min_{x \in X} E_F[f(x, \xi)] \tag{1.2}$$

随机优化模型可以分为三类，即两阶段随机优化模型、多阶段随机优化模型、随机机会约束模型 [7]。

两阶段的随机优化模型根据决策时不确定性参数的取值是否已知，将决策分为两个阶段。其中，在第一阶段进行决策时，决策者无法知道系统参数的具体取值，仅知道随机参数的概率分布信息；在第二阶段进行决策时，系统参数的真实取值可以被决策者观察到，因此系统决策者可以进行第二阶段的调整性决策，即决策者可以根据随机参数的具体实现和第一阶段的决策选择第二阶段最优的决策。

两阶段的随机线性优化模型具有如下形式，即

$$\begin{aligned} \min \quad & c^{\mathrm{T}} x + E_F[Q(x, \xi)] \\ \text{s.t.} \quad & Ax = b, \quad x \geqslant 0 \end{aligned}$$

其中，x 为第一阶段决策变量；随机参数 ξ 的样本空间为 Ω；最优值函数 $Q(x, \xi)$ 定义为

$$\begin{aligned} \min \quad & q(\omega)^{\mathrm{T}} y \\ \text{s.t.} \quad & T(\omega)x + W(\omega)y = h(\omega), \quad y \geqslant 0 \end{aligned} \tag{1.3}$$

其中，y 为第二阶段决策变量；对于给定的样本 $\omega \in \Omega$，随机参数取值为 $\xi(\omega) = (q(\omega), h(\omega), T(\omega), W(\omega))$。

当随机变量的取值数量有限时，该模型等价于一个具有特殊结构的大规模线性优化问题。van Slyke 等 [12] 利用该问题的对角块结构性质，通过对其对偶问题进行丹齐格–沃尔夫 (Dantzig-Wolfe) 分解，提出 L 形 (L-shaped) 算法。L-shaped 算法包括可行性判断和最优性判断两部分。在可行性判断时，如果当前解不满足可行性条件，那么就增加可行切约束排除当前解；在最优性判断时，如果当前解不满足最优性条件，那么就增加最优切约束排除当前解。随后 L-shaped 算法被不断改进，并应用到其他两阶段的随机优化问题中。例如，Birge 等 [13] 进一步改进了该算法，通过在同一个点增加多个约束提升计算的效率。Laporte 等 [14] 提出针对包含整数变量的两阶段随机线性优化问题的 L-shaped 算法。

多阶段随机优化模型是对两阶段模型的扩展，但是其求解难度更大。多阶段随机线性规划模型往往采用离散场景树的方法建模，等价于一个大规模的线性优化问题。Birge[15] 提出针对此类问题的分解分区算法。Ruszczyński[16] 进一步设计了针对多阶段随机优化问题的并行分解算法，提高了计算的效率。Løkketangen 等 [17] 提出结合渐进障碍法和禁忌搜索来求解包含 0-1 变量的多阶段随机优化问题。

随机机会约束模型是处理约束集中包含随机参数的随机优化模型。两阶段和多阶段随机优化模型要求包含随机参数的等式约束和不等式约束都以概率 1 满足，而随机机会约束模型只要求此类约束以一定的概率 p（一般 p 取值为 0.95 或者 0.97）满足。随机机会约束模型具有如下形式，即

$$\begin{aligned}\min\ & E_F[f(x,\xi)]\\ \text{s.t.}\ & \text{Prob}(g_j(x,\xi)\leqslant 0,\ j=1,2,\cdots,J)\geqslant p\\ & x\in X\subseteq \mathbf{R}^n\end{aligned} \tag{1.4}$$

一般而言，除非随机参数服从特定的概率分布，随机机会约束模型的求解是非常复杂的。采样平均估计 (sample average approximation, SAA) 方法是常用的求解随机机会约束模型的有效方法 [18-20]。

1.2.3 风险优化

本节首先回顾风险优化中常用风险函数的定义，然后介绍一致风险函数的概念，最后讨论常见的风险优化模型。

1. 风险函数

定义损失函数为 $L(x,\xi):X\times\mathcal{P}\to\mathbf{R}$，其中 X 为决策空间或者可行域，$\mathcal{P}$ 为随机参数 ξ 的分布函数集。对于给定的 $x_0\in X$，风险函数定义为

$$\rho[L(x_0,\xi)]:\mathcal{P}\to\mathbf{R}$$

即对于给定分布函数的随机变量 ξ，风险函数为其指定一个实数值作为风险值。为了表述的简洁性，我们记 $Z := \rho[L(x_0, \xi)]$。

常见的风险函数有如下几种。

1) 期望风险函数

$$\rho(Z) = E[Z]$$

由大数定理可知，当随机现象反复出现，并且决策者关心的是系统的长期性能时，采用期望函数作为风险函数并基于此进行决策是合理的。但是，期望风险函数并没有考虑随机变量的波动性。因此，在某些情况下，系统费用可能会很高，甚至无法接受。

2) 期望–方差风险函数

$$\rho(Z) = E[Z] + \lambda \mathrm{SD}[Z]$$

其中，$\mathrm{SD}[\cdot]$ 为随机变量的标准差；λ 为权重系数。

期望–方差风险函数考虑随机变量波动带来的风险，同时通过改变 λ 给出一系列的帕累托最优解。如果将权重系数看作期望和标准差的比，那么权重系数就是对风险的定价。

期望–方差风险函数也存在一定的缺陷。对于最小化问题，如果采用期望–方差风险函数作为目标函数，那么随机变量 Z 比期望值 $E[Z]$ 低的波动也被视为不利的波动。为了克服这一弊端，研究者进一步提出基于上半方差的风险函数。

3) 期望–上半波动风险函数

$$\rho(Z) = E[Z] + \lambda \left(E\left[(Z - E[Z])_+^p \right] \right)^{1/p}$$

其中，$p \in [1, +\infty)$；取正函数定义为

$$[x]_+ := \begin{cases} 0, & x < 0 \\ x, & x \geqslant 0 \end{cases}$$

期望–上半波动风险函数可以区分有利波动和不利波动，克服期望–方差风险函数的缺陷。如果将定义中的期望值替换为确定值 r，那么可以得到上半波动矩函数，即

$$M(Z) = E\left[[Z - r]_+^p \right], \quad p = 0, 1, 2$$

当 $p = 0$ 时，该函数可以度量损失函数大于特定损失值的概率；当 $p = 1$ 时，该函数可以度量损失函数大于特定损失值的条件期望；当 $p = 2$ 时，该函数可以度量损失函数大于特定损失值的上半方差。

关于上半波动矩函数在分布集鲁棒模型中的应用，读者可以参见文献 [21]。

4) 风险价值 (value at risk, VaR)

给定参数 $\alpha \in (0,1)$(一般 α 的值大于 0.9)，假设随机变量 Z(代表随机损失)的累积概率分布函数为 $F_Z(z) := \mathrm{Prob}(Z \leqslant z)$，那么我们称随机变量的下 α 分位点 (即随机变量比该值低的概率至少为 α) 为其在 α 水平的风险价值，即

$$\begin{aligned} \mathrm{VaR}_\alpha(Z) &= F_Z^{-1}(\alpha) \\ &= \inf\{z : F_Z(z) \geqslant \alpha\} \\ &= \inf\{z : \mathrm{Prob}(Z > z) \leqslant 1 - \alpha\} \end{aligned}$$

其中,风险价值 $\mathrm{VaR}_\alpha(Z)$ 的含义为随机损失 Z 超过 $\mathrm{VaR}_\alpha(Z)$ 的概率不超过 $1-\alpha$，换言之，我们至少能够以 α 的概率保证随机损失 Z 不超过 $\mathrm{VaR}_\alpha(Z)$。

5) 条件风险价值 (conditional value at risk, CVaR)

在定义风险价值的基础上，进一步可以定义 α 水平的 CVaR，即

$$\mathrm{CVaR}_\alpha(Z) = E[Z | Z \geqslant \mathrm{VaR}_\alpha(Z)]$$

其中，$\mathrm{CVaR}_\alpha(Z)$ 的含义为随机损失 Z 超过 $\mathrm{VaR}_\alpha(Z)$ 条件下的期望损失值，即在 $1 - \alpha$ 概率出现最差情况下的随机损失期望值。

与风险价值相比，CVaR 具有更好的鲁棒性和可计算性。一方面，风险价值在本质上是随机损失累积概率分布函数的下 α 分位点，而 CVaR 是超过该值的损失期望值。如果采用风险价值作为决策的目标函数，那么对于超过该分位点的损失将无法控制，采用 CVaR 作为决策的目标函数可以在期望意义下控制最差情况的损失值。另一方面，基于风险价值建立的风险优化模型往往为非凸优化问题，难以分析和求解 (往往采用仿真方法进行求解)，然而 CVaR 是凸函数，同时还具有如下等价定义 [22,23]，即

$$\mathrm{CVaR}_\alpha(Z) = \inf\{t + (1 - \alpha)^{-1} E[Z - t]_+ : t \in \mathbf{R}\}$$

其中，t 为一维辅助变量。

基于此，可以通过将决策变量升维 (增加一维) 的方法获得可计算的优化模型，即

$$\begin{aligned} &\underset{x \in X}{\mathrm{minimize}}\ \mathrm{CVaR}_\alpha(L(x,\xi)) \\ =&\underset{x \in X}{\mathrm{minimize}}\ \inf_{t \in \mathbf{R}}\{t + (1 - \alpha)^{-1} E[L(x,\xi) - t]_+\} \\ =&\inf_{x \in X,\ t \in \mathbf{R}}\ \{t + (1 - \alpha)^{-1} E[L(x,\xi) - t]_+\} \end{aligned}$$

上述常用的风险函数从最朴素的波动即风险，发展为不利波动即风险，再发展为特定概率情况下的分位点或期望值即风险。风险函数的定义往往取决于研究者自身对特定环境下风险的理解。下面讨论的一致风险函数是目前广泛认可的一个风险函数公理化体系。

2. 一致风险函数

Artzner 等 [24] 在总结前人对风险函数研究的基础上，于 1999 年提出一套公理化的风险函数理论。在该理论中，满足四条公理化要求的风险函数称为一致的风险 (度量) 函数。

假定随机损失属于概率空间 $\mathcal{Z}_p := \mathcal{L}_p(\Omega, \mathcal{F}, P)$，其中 $p \in [1, +\infty)$。该函数空间的对偶空间 $\mathcal{Z}_p$ 定义为 $\mathcal{Z}_q := \mathcal{L}_q(\Omega, \mathcal{F}, P)$，其中参数满足 $1/p + 1/q = 1$。对于任意 $Z \in \mathcal{Z}_p$ 和 $\zeta \in \mathcal{Z}_q$，两者的内积定义为

$$\langle \zeta, Z \rangle := \int_{\omega \in \Omega} \zeta(\omega) Z(\omega) \mathrm{d}F(w) \tag{1.5}$$

对于任何函数 $\rho : \mathcal{Z}_p \to \overline{\mathbf{R}}$，其共轭函数 $\rho^* : \mathcal{Z}_q \to \overline{\mathbf{R}}$ 定义为

$$\rho^*(\zeta) := \sup_{Z \in \mathcal{Z}} \{ \langle \zeta, Z \rangle - \rho(Z) \} \tag{1.6}$$

在下面的讨论中，假定风险函数 $\rho : \mathcal{Z}_p \to \overline{\mathbf{R}}$ 是恰当定义的，即对所有的 $Z \in \mathcal{Z}_p$，我们有 $\rho(Z) > -\infty$，同时其有效域非空，即

$$\mathrm{dom}(\rho) := \{ Z \in \mathcal{Z}_p : \rho(Z) < +\infty \} \neq \varnothing$$

对于任意给定的两个随机向量 $Z, Z' \in \mathcal{Z}_p$，如果 $Z(\omega) \geqslant Z'(\omega)$ 几乎处处成立，即 $Z(\omega) \geqslant Z'(\omega)$，$\omega \in \Omega$，那么我们记 $Z \succeq Z'$。

一致风险度量函数是指一个恰当定义的风险函数 $\rho(\cdot)$，并且满足如下公理 (R1~R4)。

(R1) 凸性 (convexity) 对任意的 $Z, Z' \in \mathcal{Z}$，以及 $t \in [0, 1]$ 均有

$$\rho[tZ + (1-t)Z'] \leqslant t\rho(Z) + (1-t)\rho(Z')$$

(R2) 单调性 (monotonicity) 对任意的 $Z, Z' \in \mathcal{Z}$，以及 $Z \succeq Z'$，均有 $\rho(Z) \geqslant \rho(Z')$。

(R3) 平移不变性 (translation equivalence) 对任意 $a \in \mathbf{R}$，以及 $Z \in \mathcal{Z}$，均有 $\rho(Z + a) = \rho(Z) + a$。

(R4) 正齐次性 (positive homogeneity) 对任意 $t > 0$，以及 $Z \in \mathcal{Z}$，均有 $\rho(tZ) = t\rho(Z)$。

　　一致风险函数不但含义明确，并且具有很好的分析性质。下面的一致风险函数表示定理给出了一个重要的性质。

　　定理 1.1　　如果风险函数 $\rho : \mathcal{Z} \to \overline{R}$ 是凸的、恰当定义的下半连续函数，那么可以表示为 [25]

$$\rho(Z) = \sup_{\xi \in \mathcal{U}} \{\langle \zeta, Z \rangle - \rho^*(\xi)\}$$

其中，$\mathcal{U} = \mathrm{dom}(\rho^*)$。

　　进一步，我们有以下结论。

　　(1) $\rho(Z)$ 满足 (R2) 单调性公理等价于任意的 $\xi \in \mathcal{U}$ 都是几乎处处非负函数，即 $\xi(\omega) \geqslant 0$, $\omega \in \Omega$。

　　(2) $\rho(Z)$ 满足 (R3) 平移不变性公理等价于任意的 $\xi \in \mathcal{U}$，满足 $\displaystyle\int_{\Omega} \xi \mathrm{d}P = 1$。

　　(3) $\rho(Z)$ 满足 (R4) 正齐次性公理等价于 ρ 为集合 $\mathcal{U}$ 的支撑函数，即

$$\rho(Z) = \sup_{\xi \in \mathcal{U}} \langle \zeta, Z \rangle, \quad Z \in \mathcal{Z}$$

　　最后，我们指出在上述风险函数中，只有期望函数和 CVaR 函数符合一致风险函数公理，其他风险函数只满足四条公理中的某几条。下面讨论基于一致风险函数的风险优化模型及其与鲁棒优化模型的内在联系。

　　3. 风险优化模型

　　风险优化也称风险厌恶的优化。在风险优化模型中，一般假定不确定性参数服从特定的分布，其目标函数为某个特定的风险函数。本节以一致风险函数为例，讨论风险优化模型，并且针对 CVaR 详细讨论风险优化模型和鲁棒优化模型的联系。

　　一般的风险优化模型具有如下形式，即

$$\min_{\boldsymbol{x} \in X} \ \rho(L(x, \xi))$$

其中，随机参数 ξ 服从特定的分布；$L(x, \xi)$ 为损失函数。

　　假定仅目标函数中包含不确定性参数，可行域为确定性集合。由定理 1.1 可知，如果一个恰当定义的一致风险函数 $\rho(\cdot)$ 还满足下半连续性，那么我们有

$$\rho(Z) = \sup_{\zeta \in \mathcal{U}} \int_{\omega \in \Omega} \zeta(\omega) Z(\omega) \mathrm{d}F(\omega)$$

其中

$$
\mathcal{U} = \left\{ \zeta \in \mathcal{Z}_q \ \middle| \ \begin{array}{l} \zeta(\omega) \geqslant 0, \quad \omega \in \Omega \\[2mm] \displaystyle\int_{\Omega} \zeta(\omega)\mathrm{d}F(\omega) = 1 \\[2mm] \langle \zeta, Z \rangle \leqslant \rho(Z), \quad Z \in \mathcal{Z}_p \end{array} \right\}
$$

可见，在某种意义上，一致风险度量函数都可以看作在给定的鲁棒约束集 $\mathcal{U}$ 中，定义的最差情况下的内积 $\langle \zeta, Z \rangle$。

因此，我们有

$$
\begin{aligned}
\min_{x \in X} \ \rho(L(x, Z)) &= \min_{x \in X} \sup_{\zeta \in \mathcal{U}} \ \langle \zeta, L(x, Z) \rangle \\
&= \min_{x \in X} \sup_{\zeta \in \mathcal{U}} \int_{\omega \in \Omega} \zeta(\omega) L(x, Z(\omega)) \mathrm{d}F(\omega)
\end{aligned}
$$

为了更加清晰地分析基于一致风险度量函数的风险优化模型，我们考虑具有离散分布的概率函数空间。假设样本空间 Ω 包含有限个样本，即 $\Omega := \{\omega_1, \omega_2, \cdots, \omega_K\}$，其对应的 σ-代数为 Ω 的幂集，即 2^{Ω}，每个样本出现的概率为 $p_1, p_2, \cdots, p_K$。对于任意给定的 $x \in X$，损失函数 $L(x, Z) : \Omega \to \mathbf{R}$ 都是可测函数。对比一致风险函数中的定义，可知 $\mathcal{Z} = \mathbf{R}^K$ 为其对偶空间，即对偶空间的变量仍为 K 维向量 $\zeta \in \mathbf{R}^K$。

为了保持符号简洁性，我们表示 $Z_k := Z(\omega_k)$，$\zeta_k := \zeta(\omega_k)$，从而有

$$
\rho(L(x, Z)) = \sup_{\zeta \in \mathcal{U}} \sum_{k=1}^{K} p_k \zeta_k L(x, Z_k)
$$

其中

$$
\mathcal{U} = \left\{ \zeta \in \mathbf{R}^K \ \middle| \ \begin{array}{l} \zeta_k \geqslant 0, \quad k = 1, 2, \cdots, K \\[2mm] \displaystyle\sum_{k=1}^{K} p_k \zeta_k = 1 \\[2mm] \displaystyle\sum_{k=1}^{K} p_k \zeta_k Z_k \leqslant \rho(Z), \quad \forall Z \in \mathbf{R}^K \end{array} \right\}
$$

进一步，引入变量 $q_k = p_k \zeta_k$，从而有

$$
\rho(L(x, Z)) = \sup \sum_{k=1}^{K} q_k L(x, Z_k)
$$

$$
\text{s.t.} \quad q_k \geqslant 0, \quad k = 1, 2, \cdots, K
$$

$$\sum_{k=1}^{K} q_k = 1$$

$$\sum_{k=1}^{K} q_k Y_k \leqslant \rho(Y), \quad \forall Y \in \mathbf{R}^K$$

因此，离散概率空间中一致风险函数优化模型可以等价表示为

$$\min_{x \in X} \rho(L(x, Z)) = \min_{x \in X} \sup_{q \in \mathcal{Q}} \sum_{k=1}^{K} q_k L(x, Z_k)$$

其中

$$\mathcal{Q} = \left\{ q \in \mathbf{R}^K \middle| \begin{array}{l} q_k \geqslant 0, \quad k = 1, 2, \cdots, K \\ \sum_{k=1}^{K} q_k = 1 \\ \sum_{k=1}^{K} q_k Y_k \leqslant \rho(Y), \quad \forall Y \in \mathbf{R}^K \end{array} \right\}$$

　　从上述分析可知，风险优化模型等价于具有特定分布函数集的鲁棒优化模型。其对应的分布函数集 $\mathcal{Q}$ 中，前两条约束保证其为概率分布函数，第三条约束将可行的分布函数和风险函数联系起来。下面以 CVaR 函数为例，具体分析第三条约束的等价形式。

　　考虑 CVaR 函数，即 $\rho(Z) = \mathrm{CVaR}_\alpha(Z) = \inf\{t + (1-\alpha)^{-1} E[Z-t]_+ : t \in \mathbf{R}\}$，从而有

$$\sum_{k=1}^{K} q_k Y_k \leqslant \rho(Y), \quad \forall Y \in \mathbf{R}^K$$

$$\Leftrightarrow \sum_{k=1}^{K} q_k Y_k \leqslant \inf\{t + (1-\alpha)^{-1} E[Y-t]_+ : t \in \mathbf{R}\}, \quad \forall Y \in \mathbf{R}^K$$

$$\Leftrightarrow \sum_{k=1}^{K} q_k Y_k \leqslant t + (1-\alpha)^{-1} E[Y-t]_+, \quad \forall Y \in \mathbf{R}^K, \, t \in \mathbf{R}$$

$$\Leftrightarrow \sum_{k=1}^{K} q_k (Y_k - t) \leqslant (1-\alpha)^{-1} E[Y-t]_+, \quad \forall Y \in \mathbf{R}^K, \, t \in \mathbf{R}$$

$$\Leftrightarrow \sum_{k=1}^{K} q_k Y_k \leqslant (1-\alpha)^{-1} E[Y]_+, \quad \forall Y \in \mathbf{R}^K$$

$$\Leftrightarrow \sum_{k=1}^{K} q_k Y_k \leqslant (1-\alpha)^{-1} \sum_{k=1}^{K} p_k [Y_k]_+, \quad \forall Y_k \in \mathbf{R}$$

$$\Leftrightarrow q_k \leqslant (1-\alpha)^{-1} p_k, \quad k=1,2,\cdots,K$$

至此，我们得到离散分布情况下 CVaR 的一种等价定义，即

$$\mathrm{CVaR}_\alpha(L(x,Z)) = \sup \sum_{k=1}^{K} q_k L(x,Z_k)$$

$$\text{s.t.} \quad 0 \leqslant q_k \leqslant (1-\alpha)^{-1} p_k, \quad k=1,2,\cdots,K$$

$$\sum_{k=1}^{K} q_k = 1 \tag{1.7}$$

因此，与离散分布情况下的风险优化模型对应的鲁棒优化模型为

$$\min_{x \in X} \mathrm{CVaR}_\alpha(L(x,Z)) = \min_{x \in X} \sup_{q \in \mathcal{Q}} \sum_{k=1}^{K} q_k L(x,Z_k)$$

其中

$$\mathcal{Q} = \left\{ q \in \mathbf{R}^K \ \middle| \ \begin{array}{l} 0 \leqslant q_k \leqslant (1-\alpha)^{-1} p_k, \quad k=1,2,\cdots,K \\ \sum\limits_{k=1}^{K} q_k = 1 \end{array} \right\}$$

可见，CVaR 对应的分布函数集取决于 α 及其指定的分布 p。特定分布 p 相当于分布函数中的参考分布 (采样分布)，参数 α 决定分布函数集的大小。

1.2.4 鲁棒优化

不同于随机优化和风险优化模型，鲁棒优化方法通过引入不确定性集 U 或概率分布函数集 $\mathcal{P}$ 描述不确定性参数 ξ。具体而言，基于不确定性集的鲁棒优化方法认为 ξ 为不确定性的未知参数，其取值属于不确定性集 U。基于不确定性集的鲁棒优化模型具有如下形式，即

$$\text{(RP1)} \quad \min_{x \in X} \max_{\xi \in U} f(x,\xi) \tag{1.8}$$

基于分布函数集的鲁棒优化方法认为 ξ 为随机变量，其精确概率分布函数未知，仅知道其概率分布函数属于概率分布函数集 $\mathcal{P}$。为简化符号，记为 $\xi \in \mathcal{P}$，当目标函数采用期望函数时，基于分布函数集的鲁棒优化模型具有如下形式，即

$$\text{(RP2)} \quad \min_{x \in X} \max_{\xi \in \mathcal{P}} E[f(x,\xi)] \tag{1.9}$$

Soyster[9] 较早从数学规划的角度对包含不确定性参数的鲁棒线性规划进行了研究。Ghaoui 等 [10] 对鲁棒最小二乘问题的研究、Ghaoui 等 [26] 和 Ben-Tal 等 [27] 对鲁棒半正定规划问题的研究推动了鲁棒优化理论的进一步发展。此外，基于分布函数集的鲁棒优化方法和库存问题的研究也密切相关。Scarf 等 [28] 最早利用基于分布函数集的鲁棒优化方法研究了经典的报童问题。他们假设顾客需求为随机变量，但是其分布函数未知，仅知道其均值和方差信息，通过最小化最差情况下的期望费用函数，给出最优订购量与随机需求的均值和方差的关系。Bertsimas 等 [29] 采用有界多面体作为不确定性集来描述需求的不确定性，对批量订购问题进行了深入的研究。他们证明通过重新定义一个新的需求序列，鲁棒优化模型可以等价地转化为传统的库存优化模型。Aharon 等 [30] 进一步将该方法推广到多级库存中，并给出等价的可计算数学模型。基于分布函数集的鲁棒优化模型也被应用到库存管理问题中。See 等 [31] 基于方向偏差 [32] 构建了分布函数集，将其应用到多周期的库存优化问题中，并提出估计求解算法。Klabjan 等利用 χ^2- 距离定义分布函数集，建立了单商品多周期的鲁棒批量订购模型，并证明在此情况下鲁棒模型的最优解仍然具有 (s, S) 的决策形式。

目前，鲁棒优化作为数学优化领域的一个研究分支，其在研究思路、研究方向和工程应用等方面都有很大的发展。相关研究包括鲁棒生产线设计 [33]、鲁棒的多类排队理论 [34]、鲁棒动态定价 [35]、可调节鲁棒优化 [36]、基于 Wasserstein 球的鲁棒优化 [37,38]、鲁棒投资组合优化 [39]、鲁棒旅行商问题 [40]、鲁棒分类 [41]、自适应鲁棒优化 [42]、具有混合整数不确定性的鲁棒二次优化 [43]、鲁棒马氏交通均衡 [44]、相对鲁棒自适应优化 [45]、鲁棒分式 0-1 优化 [45]、车辆共享的鲁棒再平衡优化 [46]、鲁棒车辆路径规划 [47-49]。我们将在后续的具体应用中进一步针对性地介绍和对比相关研究成果 [50]。

从研究思路上看，鲁棒优化模型重新定义了数学优化模型的四个基本要素，即模型参数、目标函数、约束条件、决策变量。简单地讲，传统数学优化模型在给定模型参数的条件下，从所有满足约束条件的决策变量的取值中，寻求使目标函数最优 (最大化或者最小化) 的决策变量的值。鲁棒优化模型将传统的确定性参数扩展为不确定性参数，约束条件扩展为鲁棒约束集，确定性的目标函数扩展为鲁棒目标函数，并重新定义决策变量的可行性和最优性，将其扩展为鲁棒可行性和鲁棒最优性。

下面以最简单的单目标单阶段数学优化问题为例，从模型参数、目标函数、约束条件和决策变量四个方面讨论鲁棒优化的研究思路。

(1) 鲁棒优化模型将传统优化模型的参数扩展为包含不确定性信息的参数族。一般来说，鲁棒优化模型采用两种方法描述模型参数的不确定性，即不确定性集和分布函数集。前者认为不确定参数的具体取值是未知的，但是属于某个给定的集合，从而在优化的时候考虑该集合中所有可能的取值。后者认为不确定性参数可以采用随机变量表示，但是该随机变量的分布函数未知，而是属于某个特定的分布函数集合，因此在优化的时候，我们需要考虑该分布函数集合中所有可能的分布函数。虽然从数学上我们可以证明基于不确定性集合的鲁棒优化模型等价于基于特定分布函数集的鲁棒优化模型[51]，但是在理论分析、优化计算和实际应用等方面两者存在较大的差异。

(2) 鲁棒优化模型将单个约束扩展为鲁棒约束集，即当具有不确定性的参数在某个范围或者集合变化时，该约束对应一族约束构成的集合。具体而言，如果采用不确定集表示模型参数的不确定性，例如，采用一个连续的区间作为模型参数的取值范围，那么鲁棒约束集就是由无穷多个约束构成的集合。如果采用分布函数集表示模型参数的不确定性，那么需要对原来的约束进行泛函映射。如果采用期望函数对约束进行映射，那么鲁棒约束集就对应原始约束函数在不同的分布函数下的期望构成的约束集。传统优化模型中的可行解在鲁棒优化模型中扩展为鲁棒可行解；相应的传统优化模型中的可行域在鲁棒优化模型中也扩展为鲁棒可行域。

(3) 鲁棒优化模型将原来的目标函数扩展为鲁棒目标函数。在鲁棒优化模型中，对目标函数采取保守的或者风险厌恶的方式重新定义。鲁棒目标函数值是指原始目标函数在最差情况下的取值。以最小化目标函数的优化问题为例，如果采用不确定集表示模型参数的不确定性，那么对于给定决策变量的取值，其对应的鲁棒目标函数值定义为当该参数在不确定集内变化时，原始目标函数的最大值。如果采用分布函数集表示模型参数的不确定性，那么对给定的决策变量的取值，其对应的鲁棒目标函数值定义为当该随机参数的分布在分布函数集内变化时，原始目标函数期望的最大值。从模型复杂程度上分析，鲁棒优化模型将原始的单层优化问题扩展为新的两层 (min-max 或者 max-min) 甚至多层的复杂优化问题。因此，如何得到简洁的等价数学模型，或者设计有效的求解算法，就成为衡量模型实用性的一个重要因素。

(4) 鲁棒优化模型将传统优化模型中可行解和最优解扩展为鲁棒可行解和鲁棒最优解。在传统优化模型中，最优解往往在可行域边界达到，例如，对于存在最优解的线性规划问题，其某个顶点必为最优解。在这种情况下，如果模型参数发生微小的扰动，就可能使当前的最优解失去最优性，甚至丧失可行性[25]。鲁棒最优解可以避免此类问题。这是因为当模型参数在某个范围内变动时，鲁棒最优解仍然可以保持其可行性。只有在精确获知模型参数真实值的情况下，鲁棒最优解才会比传统的最优解差。在包含扰动的情况下，鲁棒最优解甚至可能优于传统最优解。

从研究方向来看，针对鲁棒优化理论的研究集中在对传统优化模型的扩展和设计有效的求解算法两方面。

(1) 文献 [9] 最早对一类特殊的鲁棒线性规划问题进行了研究。随后，鲁棒优化的思想被引入各类传统的数学优化模型中，如鲁棒线性优化 [52-55]、鲁棒二次优化 [10,56,57]、鲁棒半正定优化 [26,27,58]、鲁棒锥规划 [59]、鲁棒凸优化 [60,61]，以及鲁棒离散优化 [62]。此类研究工作主要集中在 1997 年以后，目前仍有一批学者致力于此类问题的深入研究。与此同时，一些相关的理论模型也被陆续发展起来。文献 [63] 提出一种具有软约束的全局鲁棒优化模型。该模型通过在约束条件中定义距离函数来度量解的鲁棒性。

(2) 如何求解鲁棒优化模型是另一个重要的研究方向。与传统的优化模型相比，求解鲁棒优化模型的难点在于鲁棒优化模型往往具有两层或者多层优化目标函数，并且包含无穷多个约束条件。虽然存在一些困难，但是借助凸优化中的对偶原理、Schur 互补引理，以及 S-引理等工具，很多基于不确定性集的鲁棒优化模型都可以等价转换为凸优化问题。具体而言，当原始问题是线性优化问题时，如果不确定性集为多面体集，那么与其对应的鲁棒优化问题等价于特定的线性优化问题。如果不确定性集是基于 2-范数定义的超球集，那么与其对应的鲁棒优化问题等价于特定的二阶锥规划问题。如果不确定性集是基于半正定约束定义的集合，那么与其对应的鲁棒优化问题等价于特定的半正定规划问题。但是，对基于分布函数集的鲁棒优化模型的分析就复杂得多。现有的研究往往都是基于特定的分布函数集进行讨论。本书的工作也围绕此类问题展开。

鲁棒优化理论被广泛应用于各个领域中，包括供应链管理、投资组合问题、鲁棒回归、结构设计、鲁棒分类、鲁棒估计等。鲁棒优化理论在这些领域的应用，不但促进了相关应用问题的研究发展，也进一步完善了鲁棒优化理论。Xu 等证明传统基于 2-范数的正则化支持向量机 (support vector machine, SVM) 模型等价于不采用正则项但具有特定不确定性集的鲁棒支持向量机模型 [64]。这不但为传统的随机模型提供了新的解释，也从另一个侧面说明鲁棒优化模型的价值。本书的研究内容之一就是将我们提出的基于矩信息的分布集鲁棒风险模型应用到库存管理问题中，并进一步扩展现有的研究成果。

在应用鲁棒优化模型时，应该注意到采用鲁棒优化模型往往意味着以一定的性能损失来换取模型的可靠性。如何合理地权衡模型的性能和鲁棒性，不但依赖对不确定性集或分布函数集的选取，还取决于决策者对两者的重视程度。一个可行的方法是通过选取一系列的不确定性集或分布函数集，分别计算不同模型的最优决策，并评估不同决策带来的平均费用、方差波动和最差费用等指标，绘制最优的帕累托曲线，然后由决策者自行选取最合理的决策。

1.3 鲁棒优化方法

本节对基于不确定性集的鲁棒优化方法和基于分布函数集的鲁棒优化方法进行综述。

1.3.1 基于不确定性集的鲁棒优化

本节首先回顾鲁棒优化模型中常用的不确定集,然后以鲁棒线性规划为例,详细讨论鲁棒优化模型及其等价模型。

考虑如下线性优化 (LP) 模型,即

$$(\text{LP}) \quad \min_{x \in \mathbf{R}^n} \left\{ c^{\mathrm{T}} x : Ax \leqslant b \right\} \tag{1.10}$$

其中, $A \in \mathbf{R}^{m \times n}, b \in \mathbf{R}^m, c \in \mathbf{R}^n$ 为三组模型参数。

不失一般性,假设只有参数 $A = [a_1, a_2, \cdots, a_m]^{\mathrm{T}}$ 包含不确定性,并且可以表示为 $a_i \in U_i$,其中不确定性集 $U_i \subseteq \mathbf{R}^n$。注意,虽然这里讨论的模型目标函数中的参数 c 和约束条件中的 b 并不包含不确定性,但是并不失一般性 [25],因为后者可以等价地转化为此处讨论的模型。

1. 不确定性集

常见的不确定性集有以下几种。

(1) 多面体不确定性集,即

$$U^p = \left\{ (a_1, a_2, \cdots, a_m) : D_i a_i \leqslant d_i, \ i = 1, 2, \cdots, m \right\}$$

(2) 椭球不确定性集,即

$$U^e = \left\{ (a_1, a_2, \cdots, a_m) : a_i = a_i^0 + \Delta_i u_i, \ i = 1, 2, \cdots, m, \ \|u\|_2 \leqslant \rho \right\}$$

(3) 范数不确定性集,即

$$U^n = \left\{ A : \|M(\text{vec}(A) - \text{vec}(\overline{A}))\| \leqslant \rho \right\}$$

其中,运算 $\text{vec}(A) := [a_1^{\mathrm{T}}, a_2^{\mathrm{T}}, \cdots, a_m^{\mathrm{T}}]^{\mathrm{T}} \in \mathbf{R}^{nm}$; $\| \cdot \|$ 为范数运算,如 1-范数、2-范数等;假设矩阵 $M \in \mathbf{R}^{nm \times nm}$ 为可逆矩阵; $\overline{A}$ 为给定的矩阵。

2. 鲁棒优化模型的等价转化

1) 基于多面体集的鲁棒线性优化模型

由于只有模型的约束条件中包含不确定性,因此只需考虑如下鲁棒约束,即

$$a_i^{\mathrm{T}} x \leqslant b_i, \quad \forall a_i \in \{a_i : D_i a_i \leqslant d_i\}$$

可以证明，该鲁棒约束集等价于如下线性优化问题的最优值小于等于 b_i[52]，即

$$\begin{aligned} &\min \ p_i^{\mathrm{T}} x \\ &\text{s.t.} \quad p_i^{\mathrm{T}} D_i = x \\ &\qquad p_i \geqslant 0 \end{aligned}$$

因此，基于多面体集的如下鲁棒线性优化模型，即

$$\begin{aligned} &\min \ c^{\mathrm{T}} x \\ &\text{s.t.} \quad a_i^{\mathrm{T}} x \leqslant b_i, \quad \forall i = 1, 2, \cdots, m, \quad a_i \in \{a_i : D_i a_i \leqslant d_i\} \end{aligned}$$

等价于如下线性优化问题，即

$$\begin{aligned} &\min \ c^{\mathrm{T}} x \\ &\text{s.t.} \quad p_i^{\mathrm{T}} x \leqslant b_i \\ &\qquad p_i^{\mathrm{T}} D_i = x \\ &\qquad p_i \geqslant 0, \quad i = 1, 2, \cdots, m \end{aligned}$$

2) 基于椭球集的鲁棒线性优化模型

基于椭球集的鲁棒线性优化模型可以表述为

$$\begin{aligned} &\min \ c^{\mathrm{T}} x \\ &\text{s.t.} \quad A^{\mathrm{T}} x \leqslant b, \quad \forall A \in U^e \end{aligned}$$

基于凸优化问题的对偶性原理，可以证明其等价于如下二阶锥规划问题 [52]，即

$$\begin{aligned} &\min \ c^{\mathrm{T}} x \\ &\text{s.t.} \quad (a_i^0)^{\mathrm{T}} x \leqslant b_i - \rho \|\Delta_i x\|_2, \quad i = 1, 2, \cdots, m \end{aligned}$$

3) 基于范数约束集的鲁棒线性优化模型

基于范数约束集的鲁棒线性优化模型为

$$\begin{aligned} &\min \ c^{\mathrm{T}} x \\ &\text{s.t.} \quad A^{\mathrm{T}} x \leqslant b, \quad \forall A \in U^n \end{aligned}$$

同理，可以证明其等价于如下凸优化问题 [52]，即

$$\begin{aligned}
&\min \ c^{\mathrm{T}}x \\
&\text{s.t.} \ \ \overline{A}_i^{\mathrm{T}}x + \rho\|(M^{\mathrm{T}})^{-1}x_i\|^* \leqslant b_i, \quad i = 1, 2, \cdots, m
\end{aligned}$$

其中，$\|x\|^* := \max\limits_{y}\{x^{\mathrm{T}}y : \|y\| \leqslant 1\}$，我们称其为 $\|\cdot\|$ 的共轭范数。

可以证明，1-范数与无穷范数互为共轭对偶范数，2-范数的共轭对偶范数为自身。基于此，如果采用 1-范数或者无穷范数定义不确定性集，那么其等价的问题就是线性优化问题。如果采用 2-范数定义不确定性集，那么其等价的问题就是二阶锥规划问题。

通过本节的讨论可知，鲁棒约束集的选取直接决定鲁棒优化模型的复杂度。一般而言，对于线性优化问题，采用凸集作为鲁棒约束集得到的鲁棒优化模型均可以等价地转化为可有效求解的凸优化问题。这方面的一般性结论可以参见文献 [25] 中的定理 1.3.4。然而，对于鲁棒二次优化模型和鲁棒半正定优化模型，如果鲁棒约束集选取不当，那么得到的鲁棒优化问题就可能无法等价地转化为可有效求解的凸优化问题。

1.3.2 基于分布函数集的鲁棒优化

本节讨论的基于分布函数集的鲁棒优化模型是上述模型的进一步发展。我们首先介绍常用的分布函数集，进而讨论与之对应的鲁棒优化模型。

下面的讨论都基于以下优化模型，即

$$\min_{x \in X} f(x, \xi)$$

假定不确定性参数 ξ 仅包含在目标函数中，可行域 X 不包含不确定性参数。
与其对应的基于分布函数集的鲁棒优化模型具有如下形式，即

$$\min_{x \in X} \max_{\xi \in \mathcal{P}} \ E[f(x, \xi)] \tag{1.11}$$

其中，$\xi \in \mathcal{P}$ 表示随机参数 ξ 的分布函数属于预先定义的概率分布函数集 $\mathcal{P}$。

下面讨论常见的分布函数集形式。下一章详细讨论基于矩信息的鲁棒优化模型的处理方法。

常见的分布函数集有如下几种。

(1) 基于支撑集信息的分布函数集，即

$$\mathcal{P} = \{\xi : \mathrm{supp}(\xi) = S\}$$

其中，$\mathrm{supp}(\xi)$ 表示随机变量 ξ 的支撑集为 S，即 $\mathrm{Prob}(\xi \in S) = 1$。

可以证明，基于此类集合定义的分布集鲁棒风险优化模型等价于基于不确定性集 S 定义的鲁棒优化模型，即

$$\min_{x \in X} \max_{\xi \in \mathcal{P}} \ E[f(x,\xi)] = \min_{x \in X} \max_{\xi \in \Omega} \ f(x,\xi)$$

其中，等式左边的 ξ 为随机参数；等式右边的 ξ 为不确定性参数。

可见本节讨论的基于分布集鲁棒优化模型包含上一节基于不确定性集的鲁棒优化模型。

(2) 基于概率信息的分布函数集，即

$$\mathcal{P} = \left\{ \xi : \text{Prob}\left(\xi \in \bigcup_{i \in I} \Omega_i \right) \geqslant \sum_{i \in I} p_i, \ I \subseteq \{1, 2, \cdots, n\} \right\}$$

其中，$p_1, p_2, \cdots, p_i, \cdots, p_n > 0, \ \sum_{i=1}^{n} p_i = 1$；事件集 $\Omega_1, \Omega_2, \cdots, \Omega_n \subseteq \mathbf{R}^m$。

文献 [51] 证明，基于此分布函数集的鲁棒优化模型等价于如下概率加权的基于不确定性集的鲁棒优化模型，即

$$\min_{x \in X} \max_{\xi \in \mathcal{P}} \ E[f(x,\xi)] = \min_{x \in X} \sum_{i=1}^{n} \left[p_i \max_{\xi_i \in \Omega_i} \ f(x,\xi_i) \right]$$

(3) 基于一阶二阶矩信息的分布函数集，即

$$\mathcal{P} = \left\{ \xi : E[\xi] = \mu, E[\xi^{\mathrm{T}}\xi] = \Sigma \right\}$$

其中，μ 和 Σ 为随机变量 (参数)ξ 的一阶矩和二阶矩。

关于分布集鲁棒风险优化模型的最早研究就源于此类模型的研究。Scarf 于 1958 年首次在库存管理问题中研究了此类模型 [28]。Yue 等 [65] 在报童问题中，进一步发展了此类模型。Popescu[66] 针对一般的随机优化问题研究了基于一阶矩和二阶矩信息分布函数集的鲁棒优化模型的等价模型及其求解方法。Dupačová[67] 对基于支撑集和一阶矩信息的分布集鲁棒风险优化模型进行了研究。

(4) 基于非精确矩信息的分布函数集，即

$$\mathcal{P} = \left\{ \xi \ \middle| \ \begin{array}{l} \text{supp}(\xi) = S \\ (E[\xi] - \mu_0)^{\mathrm{T}} \Sigma_0^{-1} (E[\xi] - \mu_0) \leqslant \gamma_1 \\ E[(\xi - \mu_0)(\xi - \mu_0)^{\mathrm{T}}] \preceq \gamma_2 \Sigma_0 \end{array} \right\}$$

其中，γ_1、γ_2 为预先给定的非负参数；μ_0 和 Σ_0 为对随机参数 ξ 的一阶矩和二阶矩的估计；S 为随机参数的支撑集。

Delage 等 [68] 首次提出上述分布函数集,并在特定的假设条件下给出等价的可求解的半正定规划问题。Delage 等建议采用采样的期望和协方差矩阵作为随机参数一阶矩和二阶矩的估计,并在给定置信概率的条件下给出估算模型参数 γ_1 和 γ_2 的方法。

(5) 基于单峰性和对称性的分布函数集。

文献 [69] ~ [71] 研究了随机参数具有单峰性的鲁棒优化模型。在目标函数 f 满足特定性质的条件下,他们证明最差情况分布为均匀分布。Popescu[72] 研究了具有单峰性、对称性,以及其他特性的分布函数集的鲁棒优化模型,并给出相应的等价可计算模型。

(6) 基于边缘分布的分布函数集。

Haneveld[73] 在对工程调度问题的研究中,假设项目完成时间为随机向量,并且仅知道其边缘分布函数。他们分析了给定决策值对应的目标函数的最差分布,进一步证明最优化最差情况下的项目完工时间的问题等价于一个有限维的凸优化问题。

(7) 基于邻域的分布函数集,即

$$\mathcal{P} = \{\xi | d(\xi, \xi_0) \leqslant \epsilon\}$$

其中,ξ_0 为给定的参考随机向量;ϵ 为预先定义的参数;d 为分布距离函数。

Calafiore[74] 在对最优投资组合的研究中,采用库尔贝克–莱布勒 (Kullback-Leibler, KL) 距离定义分布函数集,设计了相应模型的求解方法。采用 Kantorovich 距离可以定义分布函数集的鲁棒优化模型,请读者参见文献 [75]、[76]。Bental 等 [77] 提出 ϕ-散度的概念。它包含很多常见的分布距离函数,如 KL 距离、海林格 (Hellinger) 距离、χ^2 距离、修正的 χ^2 距离、变分距离等。针对基于 ϕ 散度定义的分布函数集,Bental 等 [77] 证明鲁棒线性规划问题均可以转化为可计算的凸优化问题,如基于 Hellinger 距离、χ^2 距离和修正的 χ^2 距离定义的分布集鲁棒模型可以等价转化为凸二次优化问题。

1.4 本章小结

本章从经典的确定性优化问题出发,概述随机优化、风险优化、鲁棒优化的基本模型和思想。本章介绍基于不确定性集的鲁棒优化方法和基于分布函数集的鲁棒优化方法。在后续章节中,我们将围绕基于矩信息的鲁棒优化模型、算法及应用进行深入介绍。

第 2 章　基于矩信息的鲁棒优化

本章首先给出一般的基于矩信息的鲁棒优化模型，并分析此类模型的特点。然后，针对期望风险函数和 CVaR 函数，分别讨论对应模型的等价转化方法，为后续章节的分析提供理论基础。

2.1　基于矩信息的鲁棒优化概述

本章的讨论都针对如下基本模型，即

$$\min_{x \in X} f(x, \xi)$$

其中，可行域 X 为非空闭凸集；ξ 为模型参数。

首先，ξ 为不确定性参数，可用如下分布函数集描述其不确定性，即

$$\mathcal{P} = \left\{ \xi : \mathrm{supp}(\xi) = S, E[\xi] = \mu, E[\xi\xi^{\mathrm{T}}] = \Sigma \right\}$$

其中，S 为随机参数 ξ 的支撑集；μ 为随机参数 ξ 的一阶矩；Σ 为随机参数 ξ 的二阶矩。

虽然文献 [68] 也研究了包含支撑集、非精确一阶矩和非精确二阶矩的鲁棒优化模型，但是精确的二阶矩信息往往导致模型难以求解。为此可将关于精确二阶矩的约束修改为如下 (关于协方差矩阵) 非精确约束，即

$$E[(\xi - \mu)(\xi - \mu)^{\mathrm{T}}] \preceq \gamma_2 \Sigma$$

虽然在期望风险目标函数下，文献 [68] 给出可计算的等价模型，但是它对精确矩信息的模型并不适用。同时，我们还注意到基于非精确矩的鲁棒优化模型对二阶矩只有单方向的约束，所以无法通过逼近的方式，在极限意义下得到等价的基于精确矩的鲁棒优化模型。

然后，通过一致风险度量函数直接刻画模型风险，即我们考虑的目标函数为 $\rho(f(x, \xi))$。正如上一章讨论的，一致风险度量函数具有很好的理论性质，同时还有很好的计算性质。

因此，我们研究如下鲁棒优化模型，即

$$\min_{x \in X} \sup_{\xi \in \mathcal{P}} \rho(f(x, \xi))$$

基于一致风险函数表示定理，我们可以得到该模型的等价形式，但是具体计算此类模型时必须指定具体的一致风险函数。下面针对期望风险函数和 CVaR 分别讨论对应鲁棒优化模型的性质和求解方法。

2.2 基于矩信息的鲁棒期望优化

本节研究基于期望函数的鲁棒优化模型，并基于对偶性原理给出一般的等价模型。具体而言，本节研究的模型为

$$\min_{x \in X \subseteq \mathbf{R}^n} \max_{\xi \in \mathcal{P}} E[f(x, \xi)]$$

在此模型中，我们总是假设对任意的 $x \in X$，内层优化问题总存在最优解。

为了对其性质展开分析，我们引入以 S 为支撑集的随机变量的矩生成锥，即

$$M_S := \left\{ (u, U) : u = E[\xi], U = E[\xi\xi^{\mathrm{T}}], \ \forall \, \mathrm{supp}(\xi) = S \right\}$$

假设模型中的参数 (μ, Σ) 属于 M_S 的内点，即 $(\mu, \Sigma) \in \mathrm{int}(M_S)$。

为了处理这个两层优化问题，下面的引理给出了内层最大化问题的等价问题。

引理 2.1 如果 $(\mu, \Sigma) \in \mathrm{int}(M_S)$，那么 $\sup_{\xi \in \mathcal{P}} E[f(x, \xi)]$ 等价于 (在最优目标函数值相等的意义下) 如下最小化问题，即

$$\min \ \theta + \mu^{\mathrm{T}}\alpha + \Sigma \circ \beta$$
$$\mathrm{s.t.} \quad \theta + \alpha^{\mathrm{T}}\xi + \xi^{\mathrm{T}}\beta\xi \geqslant f(x, \xi), \quad \forall \xi \in S$$

证明 原问题的内层最大化问题可以等价地表述为

$$\max \int_{\xi \in S} f(x, \xi)\mathrm{d}F(\xi)$$

$$\mathrm{s.t.} \quad \int_{\xi \in S} \mathrm{d}F(\xi) = 1$$

$$\int_{\xi \in S} \xi \mathrm{d}F(\xi) = \mu$$

$$\int_{\xi \in S} \xi\xi^{\mathrm{T}}\mathrm{d}F(\xi) = \Sigma$$

$$F(\xi) \geqslant 0, \quad \forall \xi \in S$$

分别对前三个约束引入对偶变量 $\theta \in \mathbf{R}$、$\alpha \in \mathbf{R}^m$ 和 $\beta \in \mathbf{R}^{m \times m}$，并定义如下拉格朗日函数，即

$$L(\xi, \theta, \alpha, \beta) = \int_{\xi \in S} \left(f(x, \xi) - \theta - \xi^{\mathrm{T}}\alpha - \xi^{\mathrm{T}}\beta\xi \right) \mathrm{d}F(\xi) + \theta + \mu^{\mathrm{T}}\alpha + \Sigma \circ \beta$$

因此，在其有效域 (使其取值不为正无穷的可行域)，对偶函数为

$$q(\theta,\alpha,\beta) = \sup_{F(\xi)\geqslant 0} L(\xi,\theta,\alpha,\beta) = \theta + \mu^{\mathrm{T}}\alpha + \Sigma \circ \beta$$

其有效域为

$$D = \left\{(\theta,\alpha,\beta) : \theta + \alpha^{\mathrm{T}}\xi + \xi^{\mathrm{T}}\beta\xi \geqslant f(x,\xi),\ \forall\ \xi \in S\right\}$$

因此，可以得到其对偶问题具有所需证明的形式。由假设 $(\mu,\Sigma) \in \mathrm{int}(M_S)$ 可知，该问题与其对偶问题不存在对偶间隙，因此两者等价 (参见文献 [78] 中的定理 3.4 和文献 [79] 中的定理 2.2)。   □

利用引理 2.1，可以进一步将外层的最小化问题和内层等价的最小化问题合并，从而得到如下定理。

定理 2.1　如果 $(\mu,\Sigma) \in \mathrm{int}(M_S)$，那么 $\min\limits_{x\in X\subseteq \mathbf{R}^n} \max\limits_{\xi\in\mathcal{P}} E[f(x,\xi)]$ 等价于如下优化问题，即

$$\begin{aligned}
\min\ &\theta + \mu^{\mathrm{T}}\alpha + \Sigma \circ \beta\\
\mathrm{s.t.}\ &x \in X\\
&\theta + \alpha^{\mathrm{T}}\xi + \xi^{\mathrm{T}}\beta\xi \geqslant f(x,\xi),\quad \forall \xi \in S
\end{aligned}$$

当 $f(x,\xi)$ 具有不同形式时，下面给出与鲁棒期望优化模型等价的锥规划模型。

2.2.1　分段线性凸函数

考虑 $f(x,\xi)$ 是关于 $\xi^{\mathrm{T}}x$ 的分段线性凸函数的情况，即

$$f(x,\xi) = g(\xi^{\mathrm{T}}x),\quad g(t) = \max_{k=1,2,\cdots,K}\{a_k t + b_k\}$$

具体而言，考虑如下鲁棒优化问题，即

$$\min_{x\in X\subseteq\mathbf{R}^n} \max_{\xi\in\mathcal{P}} E\left[\max_{k=1,2,\cdots,K}\{a_k\xi^{\mathrm{T}}x + b_k\}\right] \tag{2.1}$$

分段线性凸函数具有广泛的应用，例如，取正函数 $[\cdot]_+$ 本身就是一个分段线性凸函数，同时还可以利用其逼近任意凸函数。下面的定理给出以分段线性凸函数为目标函数的鲁棒优化问题的等价模型。

定理 2.2　如果 $(\mu,\Sigma) \in \mathrm{int}(M_S)$，那么问题 (2.1) 等价于如下优化问题，即

$$\begin{aligned}
\min\ &\theta + \mu^{\mathrm{T}}\alpha + \Sigma \circ \beta\\
\mathrm{s.t.}\ &x \in X\\
&\begin{bmatrix} \theta - b_k & \alpha - a_k x\\ \alpha^{\mathrm{T}} - a_k x^{\mathrm{T}} & \beta \end{bmatrix} \in C^{m+1}_{\{1\}\times S},\quad 1\leqslant k\leqslant K
\end{aligned}$$

其中，$C_{\{1\}\times S}^{m+1}$ 为定义在集合 $\{1\}\times S$ 上的协正锥，即

$$C_{\{1\}\times S}^{m+1} = \left\{ U \in S^{m+1} \ \middle| \ \begin{bmatrix} 1 \\ y \end{bmatrix}^{\mathrm{T}} U \begin{bmatrix} 1 \\ y \end{bmatrix} \geqslant 0, \ \forall y \in S \right\}$$

进一步，我们有以下结论。

(1) 如果 $S = \mathbf{R}^m$，那么式 (2.1) 等价于半正定规划问题，即

$$\begin{bmatrix} \theta - b_k & \alpha - a_k x \\ \alpha^{\mathrm{T}} - a_k x^{\mathrm{T}} & \beta \end{bmatrix} \in P_+^{m+1}$$

其中，P_+^{m+1} 为 $(m+1)\times(m+1)$ 维半正定矩阵集合。

(2) 如果 $S = \mathbf{R}_+^m$，那么式 (2.1) 等价于协正规划问题，即

$$\begin{bmatrix} \theta - b_k & \alpha - a_k x \\ \alpha^{\mathrm{T}} - a_k x^{\mathrm{T}} & \beta \end{bmatrix} \in C_+^{m+1}$$

其中，C_+^{m+1} 为 $(m+1)\times(m+1)$ 维协正矩阵集合。

(3) 如果 S 为一般集，那么式 (2.1) 等价于集合 $\mathcal{H}(S)$ 上的协正规划问题，即

$$\begin{bmatrix} \theta - b_k & \alpha - a_k x \\ \alpha^{\mathrm{T}} - a_k x^{\mathrm{T}} & \beta \end{bmatrix} \in C_{\mathcal{H}(S)}^{m+1}$$

其中

$$\mathcal{H}(S) = \mathrm{cl}\left(\left\{ \begin{bmatrix} t \\ x \end{bmatrix} \in \mathbf{R}^{m+1} \ \middle| \ \frac{x}{t} \in S, \ t > 0 \right\} \right)$$

证明 考虑如下约束，即

$$\theta + \alpha^{\mathrm{T}}\xi + \xi^{\mathrm{T}}\beta\xi \geqslant \max_{k=1,2,\cdots,K}\{a_k\xi^{\mathrm{T}}x + b_k\}, \quad \forall \xi \in S$$

其等价于如下约束，即

$$\theta + \alpha^{\mathrm{T}}\xi + \xi^{\mathrm{T}}\beta\xi \geqslant a_k\xi^{\mathrm{T}}x + b_k, \quad \forall \xi \in S, \ k = 1,2,\cdots,K \tag{2.2}$$

进一步，等价于

$$\begin{bmatrix} 1 \\ y \end{bmatrix}^{\mathrm{T}} \begin{bmatrix} \theta - b_k & \alpha - a_k x \\ \alpha^{\mathrm{T}} - a_k x^{\mathrm{T}} & \beta \end{bmatrix} \begin{bmatrix} 1 \\ y \end{bmatrix} \geqslant 0, \quad \forall y \in S, \ k = 1,2,\cdots,K$$

利用定理 2.1，可以得到一般性的结论。当 $S = \mathbf{R}^m$ 时，从式 (2.2) 可以得到第一种情况下的结论；如果 $S = \mathbf{R}_+^m$，由文献 [80] 第 5 章的结论可知

$$C_{\{1\} \times \mathbf{R}_+^m}^{m+1} = \left\{ U \in \mathbf{R}^{m+1} \;\middle|\; \begin{bmatrix} 1 \\ y \end{bmatrix}^{\mathrm{T}} U \begin{bmatrix} 1 \\ y \end{bmatrix} \geqslant 0, \; \forall y \in \mathbf{R}_+^m \right\} = P_+^{m+1}$$

这就证明了第二种情况下的结论。由文献 [81] 可知

$$C_{\{1\} \times S}^{m+1} = C_{\mathcal{H}(S)}^{m+1}$$

从而证明第三种情况下的结论。　　　　　　　　　　　　　　　　　　　　　　□

半正定规划问题可以采用内点算法有效求解。关于半正定规划的详细讨论，可以参见文献 [82]、[83]，也可以免费下载求解半正定规划问题的软件，如 SeDuMi[84] 和 SDPT3[85]。协正规划问题的求解是相对困难的。文献已经证明判断一个矩阵是否为协正矩阵是 NP 难的，但是也存在一些求解此类问题的逼近算法，如椭球算法 [86]。

2.2.2　子优化问题函数

考虑 $f(x, \xi)$ 采用子优化问题定义的情况，即

$$f(x, \xi) = \min\{a^{\mathrm{T}}y : Ax + By \geqslant \xi, y \geqslant 0\}$$

具体而言，考虑如下鲁棒优化问题，即

$$\min_{x \in X \subseteq \mathbf{R}^n} \max_{\xi \in \mathcal{P}} E\left[\min\{a^{\mathrm{T}}y : Ax + By \geqslant \xi, y \geqslant 0\}\right] \tag{2.3}$$

假设子优化问题的强对偶性成立，则有

$$f(x, \xi) = \max\{(\xi - Ax)^{\mathrm{T}}z : a \geqslant B^{\mathrm{T}}z, z \geqslant 0\}$$

假设多面体 $Q = \{z : a \geqslant B^{\mathrm{T}}z, z \geqslant 0\}$ 非空，其极点集合和极方向集合分别为 $\{v_1, v_2, \cdots, v_L\}$ 和 $\{e_1, e_2, \cdots, e_K\}$，那么如下约束，即

$$\theta + \alpha^{\mathrm{T}}\xi + \xi^{\mathrm{T}}\beta\xi \geqslant \max\{(\xi - Ax)^{\mathrm{T}}z : a \geqslant B^{\mathrm{T}}z, z \geqslant 0\}, \quad \forall \xi \in S$$

等价于

$$\begin{cases} \theta + \alpha^{\mathrm{T}}\xi + \xi^{\mathrm{T}}\beta\xi \geqslant (\xi - Ax)^{\mathrm{T}}v_l, & \forall \xi \in S, \; l = 1, 2, \cdots, L \\ 0 \geqslant (\xi - Ax)^{\mathrm{T}}e_k, & \forall \xi \in S, \; k = 1, 2, \cdots, K \end{cases}$$

与定理 2.2 的证明类似，我们有如下定理。

定理 2.3　如果 $(\mu, \Sigma) \in \mathrm{int}(M_S)$，那么问题 (2.3) 等价于如下优化模型，即

$$
\begin{aligned}
\min \quad & \theta + \mu^{\mathrm{T}}\alpha + \Sigma \circ \beta \\
\mathrm{s.t.} \quad & x \in X \\
& e_k^{\mathrm{T}} A x \geqslant b_k, \quad k = 1, 2, \cdots, K \\
& \begin{bmatrix} \theta + v_l^{\mathrm{T}} A x & \alpha - v_l \\ (\alpha - v_l)^{\mathrm{T}} & \beta \end{bmatrix} \in C_{\{1\} \times S}^{m+1}, \quad l = 1, 2, \cdots, L
\end{aligned}
$$

其中，$b_k = \max\{e_k^{\mathrm{T}} \xi : \xi \in S\}$；$C_{\{1\} \times S}^{m+1}$ 为定义在集合 $\{1\} \times S$ 上的协正锥，即

$$
C_{\{1\} \times S}^{m+1} = \left\{ U \text{是} (m+1) \times (m+1) \text{维对称矩阵} \,\middle|\, \begin{bmatrix} 1 \\ y \end{bmatrix}^{\mathrm{T}} U \begin{bmatrix} 1 \\ y \end{bmatrix} \geqslant 0, \, \forall y \in S \right\}
$$

2.3　基于矩信息的鲁棒 CVaR 优化

本节考虑以 CVaR 为风险函数的鲁棒优化模型。我们首先证明一个基于支撑集、期望和方差信息的最优概率不等式。该不等式可以改进现有的相关结论。基于此不等式，在特定假设情况下，我们证明了以 CVaR 作为风险函数的鲁棒优化模型等价于一个分段锥规划问题。

2.3.1　最优概率不等式

在已知随机变量 X 某些矩信息的条件下，本节给出 $E[X]$ 的最优上界，定义基于支撑集和期望的分布函数集，即

$$
\mathcal{P}(S, \mu) = \{X : \mathrm{supp}(X) = S, E[X] = \mu\}
$$

定义基于期望和方差的分布函数集，即

$$
\mathcal{P}(\mu, \sigma^2) = \{X : E[X] = \mu, \mathrm{Var}(X) = \sigma^2\}
$$

定义基于支撑集、期望和方差分布函数集，即

$$
\mathcal{P}(S, \mu, \sigma^2) = \{X : \mathrm{supp}(X) = S, E[X] = \mu, \mathrm{Var}(X) = \sigma^2\}
$$

文献 [28] 首次证明如下结论，即

$$
\sup_{X \in \mathcal{P}(\mu, \sigma^2)} E[X]_+ = \frac{\sqrt{\sigma^2 + \mu^2} + \mu}{2}
$$

该结论给出了给定期望和方差条件下 $E[X]_+$ 的上界，但是没有考虑支撑集信息。文献 [87] 将该结论推广到三段线性函数的形式。文献 [88] 通过引入半无限区间支撑集信息改进了这个上界，得到如下结论，即

$$\sup_{X \in \mathcal{P}([0,+\infty),\mu,\sigma^2)} E[X-k]_+ = \begin{cases} \mu - k + \dfrac{\sigma^2}{\sigma^2+\mu^2}, & k < \dfrac{\sigma^2+\mu^2}{2\mu} \\[3mm] \dfrac{\sqrt{\sigma^2+(\mu-k)^2}+\mu-k}{2}, & k \geqslant \dfrac{\sigma^2+\mu^2}{2\mu} \end{cases}$$

此类不等式也被广泛应用于各类问题中，如报童模型 [28]、欧式期权定价问题 [88] 和最优投资组合问题 [21] 等。下面给出在一般的支持集、期望和方差信息条件下相应的概率不等式，即

$$\sup\left\{E[X]_+ : X \in \mathcal{P}([-a,b],\mu,\sigma^2)\right\} \tag{2.4}$$

其中，$a,b \geqslant 0; -a \leqslant \mu \leqslant b$。

在下面的讨论中，我们总是假定 (μ,σ^2) 属于以 $[-a,b]$ 为支撑集的随机变量的期望和方差生成的锥的内点。

以下引理说明 $\sigma^2 + \mu^2 \leqslant (b-a)\mu + ab$。

引理 2.2　$\max\limits_{X \in \mathcal{P}([-a,b],\mu)} E[X^2] = (b-a)\mu + ab$。

证明　等式左侧的优化问题等价于

$$\max\ E[X^2]$$
$$\text{s.t.}\ \int_{-a}^{b} f(x)\,\mathrm{d}x = 1$$
$$\int_{-a}^{b} xf(x)\,\mathrm{d}x = \mu$$

利用对偶性原理可知，其等价于如下对偶问题，即

$$\min\ \theta + \mu\alpha$$
$$\text{s.t.}\ x^2 - \alpha x - \theta \leqslant 0, \quad \forall x \in [-a,b]$$

约束条件进一步等价于如下约束，即

$$\begin{cases} a^2 + a\alpha \leqslant \theta \\ b^2 - b\alpha \leqslant \theta \end{cases}$$

(1) 如果 $a^2 + a\alpha \leqslant b^2 - b\alpha$，即 $\alpha \leqslant b - a$，那么等价的优化问题为

$$\min_{\alpha \leqslant b-a}\ b^2 + (\mu - b)\alpha = (b-a)\mu + ab$$

(2) 如果 $a^2 + a\alpha \geqslant b^2 - b\alpha$，即 $\alpha \geqslant b - a$，那么等价的优化问题为

$$\min_{\alpha \leqslant b-a} a^2 + (\mu + b)\alpha = (b - a)\mu + ab$$

综合上述两种情况即可得到所证结论。　　　　　　　　　　　　　　□

为了求解式 (2.4)，我们需要利用如下引理[25]。

引理 2.3　如果 A、B 为具有相同维数的对称矩阵，并且二次函数 $x^{\mathrm{T}}Ax + 2a^{\mathrm{T}}x + \alpha$ 在某点处取严格正值，那么以下蕴含关系成立，即

$$x^{\mathrm{T}}Ax + 2a^{\mathrm{T}}x + \alpha \geqslant 0 \ \Rightarrow \ x^{\mathrm{T}}Bx + 2b^{\mathrm{T}}x + \beta \geqslant 0$$

当且仅当

$$\exists \lambda \geqslant 0, \quad \begin{bmatrix} B - \lambda A & b - \lambda a \\ b^{\mathrm{T}} - \lambda a^{\mathrm{T}} & \beta - \lambda \alpha \end{bmatrix} \succeq 0$$

引理 2.4　问题 (2.4) 等价于如下优化问题，即

$$
\begin{aligned}
\min \ & \theta + 2\mu\alpha + \beta(\sigma^2 + \mu^2) \\
\text{s.t.} \ & \theta \geqslant \frac{(au - a\beta + 2\alpha)^2}{4u} \\
& \theta \geqslant \frac{(bv - b\beta - 2\alpha + 1)^2}{4v} \\
& u \geqslant \beta, \quad v \geqslant \beta, \quad \theta, u, v \geqslant 0
\end{aligned}
\tag{2.5}
$$

证明　首先，问题 (2.4) 可以表述为

$$
\begin{aligned}
f^* = \max \ & E[x]_+ \\
\text{s.t.} \ & \int_{-a}^{b} f(x) \, \mathrm{d}x = 1 \\
& \int_{-a}^{b} xf(x) \, \mathrm{d}x = \mu \\
& \int_{-a}^{b} x^2 f(x) \, \mathrm{d}x = \sigma^2 + \mu^2
\end{aligned}
$$

对该问题中的三个约束条件分别引入对偶变量 θ、2α 和 β，可以得到如下拉格朗日函数，即

$$L(\xi, \theta, \alpha, \beta) = \int_{-a}^{b} \left([x]_+ - \theta - 2\alpha x - \beta x^2\right) \mathrm{d}F(x) + \theta + 2\mu\alpha + (\sigma^2 + \mu^2)\beta$$

从而得到其对偶问题，即

$$\min \ \theta + 2\mu\alpha + (\sigma^2 + \mu^2)\beta$$
$$\text{s.t.} \ \ \theta + 2\alpha x + \beta x^2 \geqslant [x]_+, \quad \forall x \in [-a, b]$$

由取正函数的定义可得

$$\theta + 2\alpha x + \beta x^2 \geqslant [x]_+, \quad \forall x \in [-a, b]$$

$$\Leftrightarrow \begin{cases} \theta + 2\alpha x + \beta x^2 \geqslant 0, & \forall x(x+a) \leqslant 0 \\ \theta + (2\alpha - 1)x + \beta x^2 \geqslant 0, & \forall x(x-b) \leqslant 0 \end{cases}$$

利用引理 2.3 可知

$$\theta + 2\alpha x + \beta x^2 \geqslant 0, \quad \forall x(x+a) \leqslant 0$$

$$\Leftrightarrow \exists \, t \geqslant 0, \quad \begin{bmatrix} \theta & \alpha + at/2 \\ \alpha + at/2 & \beta + t \end{bmatrix} \succeq 0$$

$$\Leftrightarrow t \geqslant 0, \quad \theta \geqslant 0, \quad \beta + t \geqslant 0, \quad \theta(\beta + t) \geqslant (\alpha + at/2)^2$$

同理可知

$$\theta + (2\alpha - 1)x + \beta x^2 \geqslant 0, \quad \forall x(x-b) \leqslant 0$$

$$\Leftrightarrow \exists \, \tau \geqslant 0, \quad \begin{bmatrix} \theta & \alpha - b\tau/2 - 1/2 \\ \alpha - b\tau/2 - 1/2 & \beta + \tau \end{bmatrix} \succeq 0$$

$$\Leftrightarrow \tau \geqslant 0, \quad \theta \geqslant 0, \quad \beta + \tau \geqslant 0, \quad \theta(\beta + \tau) \geqslant (\alpha - b\tau/2 - 1/2)^2$$

令

$$\begin{cases} u = t + \beta \geqslant 0 \\ v = \tau + \beta \geqslant 0 \end{cases}$$

即可得所证的结论。   □

记问题 (2.4) 的最优值为 f^*，下面的定理给出 f^* 的解析表达式。该定理的证明思路在于利用引理 2.4，并进行合理的分类讨论。

定理 2.4

$$\sup_{X \in \mathcal{P}([-a,b], \mu, \sigma^2)} E[X]_+ = \begin{cases} \dfrac{b\sigma^2}{\sigma^2 + (b-\mu)^2}, & \sigma^2 + \mu^2 \geqslant b^2 \\[3mm] \dfrac{(a+\mu)(\sigma^2 + \mu^2 + a\mu)}{\sigma^2 + (a+\mu)^2}, & \sigma^2 + \mu^2 \geqslant a^2 \\[3mm] \dfrac{\sqrt{\sigma^2 + \mu^2} + \mu}{2}, & b^2 \geqslant \sigma^2 + \mu^2, \quad a^2 \geqslant \sigma^2 + \mu^2 \end{cases}$$

证明 首先，对不同情况下的最优值进行分类讨论。由引理 2.4 可知，θ 的最优值等于等价问题 (2.5) 中前两个约束右侧函数的最大值。下面从 θ 最优取值的四种不同情况进行讨论。

(1) 如果 $\dfrac{|a\beta - 2\alpha|}{a} \leqslant \beta$ 并且 $\dfrac{|b\beta + 2\alpha - 1|}{b} \leqslant \beta$，那么有 $a\beta \geqslant \alpha \geqslant 0$，$1/2 \geqslant \alpha \geqslant 1/2 - b\beta$，以及 $\theta = \max\left\{\dfrac{\alpha^2}{\beta}, \dfrac{(1/2 - \alpha)^2}{\beta}\right\}$。

① 如果 $\dfrac{\alpha^2}{\beta} \geqslant \dfrac{(1/2 - \alpha)^2}{\beta}$，即 $\alpha \geqslant 1/4$ 时，我们有 $\theta = \dfrac{\alpha^2}{\beta}$。此时，问题 (2.5) 转化为

$$\min \ f = \frac{\alpha^2}{\beta} + 2\mu\alpha + \beta(\sigma^2 + \mu^2)$$
$$\text{s.t.} \quad a\beta \geqslant \alpha \geqslant 1/4$$
$$\alpha \geqslant 1/2 - b\beta$$

易知最优的 β 满足

$$\beta^* = \min\left[\frac{\alpha}{\sqrt{\sigma^2 + \mu^2}}, \frac{\alpha}{a}, \frac{1 - 2\alpha}{2b}\right]$$

如果 $\dfrac{\alpha}{a} \geqslant \dfrac{\alpha}{\sqrt{\sigma^2 + \mu^2}}$ 并且 $\dfrac{1 - 2\alpha}{2b} \geqslant \dfrac{\alpha}{\sqrt{\sigma^2 + \mu^2}}$，即 $\alpha \geqslant \dfrac{\sqrt{\sigma^2 + \mu^2}}{2(b + \sqrt{\sigma^2 + \mu^2})}$、$\alpha \geqslant 1/4$，以及 $a^2 \geqslant \sigma^2 + \mu^2$，那么此时 $\beta^* = \dfrac{\alpha}{\sqrt{\sigma^2 + \mu^2}}$。在这种情况下，优化问题的最优值满足

$$f = 2(\mu + \sqrt{\sigma^2 + \mu^2}) \max\left[1/4, \frac{\sqrt{\sigma^2 + \mu^2}}{2(b + \sqrt{\sigma^2 + \mu^2})}\right]$$

$$= \begin{cases} \dfrac{\sqrt{\sigma^2 + \mu^2} + \mu}{2}, & b^2, a^2 \geqslant \sigma^2 + \mu^2 \\[3mm] \dfrac{\sqrt{\sigma^2 + \mu^2}(\sqrt{\sigma^2 + \mu^2} + \mu)}{b + \sqrt{\sigma^2 + \mu^2}}, & b^2 \leqslant \sigma^2 + \mu^2 \leqslant a^2 \end{cases}$$

其他情况下的分析同理，并且可以证明其最优值不优于此种情况下的最优值。

② 如果 $\dfrac{\alpha^2}{\beta} \leqslant \dfrac{(1/2 - \alpha)^2}{\beta}$，即 $\alpha \leqslant 1/4$ 时，我们有 $\theta = \dfrac{(1/2 - \alpha)^2}{\beta}$。此时问题 (2.5) 转化为

$$\min \ f = \frac{(\alpha - 1/2)^2}{\beta} + 2\mu\alpha + \beta(\sigma^2 + \mu^2)$$
$$\text{s.t.} \quad a\beta \geqslant \alpha \geqslant 0$$
$$1/4 \geqslant \alpha \geqslant 1/2 - b\beta$$

易知最优的 β 满足 $\beta^* = \min\left[\dfrac{1/2 - \alpha}{\sqrt{\sigma^2 + \mu^2}}, \dfrac{\alpha}{a}, \dfrac{1 - 2\alpha}{2b}\right]$。

如果 $\dfrac{\alpha}{a} \geqslant \dfrac{1/2 - \alpha}{\sqrt{\sigma^2 + \mu^2}}$ 并且 $\dfrac{1 - 2\alpha}{2b} \geqslant \dfrac{1/2 - \alpha}{\sqrt{\sigma^2 + \mu^2}}$，即 $\alpha \leqslant \dfrac{a}{2(a + \sqrt{\sigma^2 + \mu^2})}$，

$1/4 \geqslant \alpha \geqslant 0$、$b^2 \geqslant \sigma^2 + \mu^2$，那么此时 $\beta^* = \dfrac{1/2 - \alpha}{\sqrt{\sigma^2 + \mu^2}}$。在这种情况下，优化问

题的最优值满足

$$f = \sqrt{\sigma^2 + \mu^2} + 2(\mu - \sqrt{\sigma^2 + \mu^2}) \min\left[1/4, \frac{a}{2(a + \sqrt{\sigma^2 + \mu^2})}\right]$$

$$= \begin{cases} \dfrac{\sqrt{\sigma^2 + \mu^2} + \mu}{2}, & a^2, b^2 \geqslant \sigma^2 + \mu^2 \\[3mm] \dfrac{\sigma^2 + \mu^2 + a\mu}{a + \sqrt{\sigma^2 + \mu^2}}, & a^2 \leqslant \sigma^2 + \mu^2 \leqslant b^2 \end{cases}$$

其他情况下的分析同理，并且可以证明其最优值不优于此种情况下的最优值。

(2) 如果 $\dfrac{|a\beta - 2\alpha|}{a} \leqslant \beta$ 并且 $\dfrac{|b\beta + 2\alpha - 1|}{b} \geqslant \beta$，即 $a\beta \geqslant \alpha \geqslant 0$，那么我们

有

$$\theta = \max\left\{\frac{\alpha^2}{\beta}, b(1 - b\beta - 2\alpha + 1)\right\}$$

如果 $1 - b\beta - 2\alpha \geqslant b\beta$，此时问题 (2.5) 转化为

$$\min \ f = \theta + 2\mu\alpha + \beta(\sigma^2 + \mu^2)$$
$$\text{s.t.} \quad \theta \geqslant \frac{\alpha^2}{\beta}$$
$$\theta \geqslant b(1 - b\beta - 2\alpha)$$
$$a\beta \geqslant \alpha \geqslant 0$$
$$1 - 2b\beta - 2\alpha \geqslant 0$$

可以验证，当 $\theta = \dfrac{\alpha^2}{\beta} = b(1 - b\beta - 2\alpha)$ 时，该问题取得最优值，并且具有如

下形式，即

$$f^* = \begin{cases} \dfrac{b\sigma^2}{\sigma^2 + (b-\mu)^2}, & b^2 \leqslant \sigma^2 + \mu^2 \\[3mm] \dfrac{\sigma^2 + (b+\mu)^2}{4b}, & b^2 \geqslant \sigma^2 + \mu^2 \end{cases}$$

其他情况下的分析同理，并且可以证明其最优值不优于此种情况下的最优值。

(3) 如果 $\dfrac{|a\beta - 2\alpha|}{a} \geqslant \beta$ 并且 $\dfrac{|b\beta + 2\alpha - 1|}{b} \leqslant \beta$，即 $1/2 \geqslant \alpha \geqslant 1/2 - b\beta$，此时有

$$\theta = \max\left\{ \frac{(1/2-\alpha)^2}{\beta}, a(2\alpha - a\beta) \right\}$$

如果 $a\beta - 2\alpha \leqslant -a\beta$，即 $\alpha \geqslant a\beta$，问题 (2.5) 转化为

$$\begin{aligned} \min\ & f = \theta + 2\mu\alpha + \beta(\sigma^2 + \mu^2) \\ \text{s.t.}\ & \theta \geqslant \frac{(\alpha - 1/2)^2}{\beta} \\ & \theta \geqslant a(2\alpha - a\beta) \\ & 1/2 \geqslant \alpha \geqslant 1/2 - b\beta \\ & \alpha \geqslant a\beta \end{aligned}$$

可以验证，当 $\theta = \dfrac{(\alpha - 1/2)^2}{\beta} = a(2\alpha - a\beta)$ 时，该问题取得最优值，并且具有如下形式，即

$$f^* = \begin{cases} \dfrac{(a+\mu)(\sigma^2 + \mu^2 + a\mu)}{\sigma^2 + (a+\mu)^2}, & a^2 \leqslant \sigma^2 + \mu^2 \\[3mm] \dfrac{\sigma^2 + (a+\mu)^2}{4a}, & a^2 \geqslant \sigma^2 + \mu^2 \end{cases}$$

其他情况下的分析同理，并且可以证明其最优值不优于此种情况下的最优值。

(4) 当 $\dfrac{|a\beta - 2\alpha|}{a} \geqslant \beta$ 并且 $\dfrac{|b\beta + 2\alpha - 1|}{b} \geqslant \beta$ 时，问题 (2.5) 转化为

$$\begin{aligned} \min\ & f = \theta + 2\mu\alpha + \beta(\sigma^2 + \mu^2) \\ \text{s.t.}\ & \theta \geqslant a(2\alpha - a\beta) \\ & \theta \geqslant b(1 - 2\alpha - b\beta) \\ & |a\beta - 2\alpha| \geqslant a\beta \\ & |b\beta + 2\alpha - 1| \geqslant b\beta \\ & \theta \geqslant 0 \end{aligned}$$

采用类似的方法可对上述问题进行分析。可以证明，上述问题的最优值不优于 (1)、(2)、(3) 情况下的最优值。

其次，对比不同情况下最优值的大小，可以得到最终的结论。由引理 2.2，我们断言如果 $a \neq b$，那么 $a^2 \leqslant \sigma^2 + \mu^2$ 与 $b^2 \leqslant \sigma^2 + \mu^2$ 不同时成立。因为采用反证法，假设两者同时成立，可得

$$\begin{cases} a^2 \leqslant \sigma^2 + \mu^2 \leqslant (b-a)\mu + ab \\ b^2 \leqslant \sigma^2 + \mu^2 \leqslant (b-a)\mu + ab \end{cases} \Rightarrow \begin{cases} (b-a)(\mu+a) \geqslant 0 \\ (b-a)(\mu-b) \geqslant 0 \end{cases} \Rightarrow a = b$$

下面根据 a^2、b^2 与 $\sigma^2 + \mu^2$ 的相对大小，确定问题 (2.4) 的最优值。

① 如果 $a^2 \geqslant \sigma^2 + \mu^2$，$b^2 \geqslant \sigma^2 + \mu^2$，由

$$\frac{\sigma^2 + (a+\mu)^2}{4a} - \frac{\sqrt{\sigma^2 + \mu^2} + \mu}{2} = \frac{\left(\sqrt{\sigma^2 + \mu^2} - a\right)^2}{4a} \geqslant 0$$

和

$$\frac{\sigma^2 + (b+\mu)^2}{4b} - \frac{\sqrt{\sigma^2 + \mu^2} + \mu}{2} = \frac{\left(\sqrt{\sigma^2 + \mu^2} - b\right)^2}{4b} \geqslant 0$$

可知此时最优值为 $f^* = \dfrac{\sqrt{\sigma^2 + \mu^2} + \mu}{2}$。

② 如果 $a^2 \geqslant \sigma^2 + \mu^2 \geqslant b^2$，由

$$\frac{\sigma^2 + (a+\mu)^2}{4a} - \frac{b\sigma^2}{\sigma^2 + (b-\mu)^2}$$

$$= \frac{\sigma^4 + (a+\mu)^2 (b-\mu)^2 + \sigma^2 \left[(a-b)^2 + 2(a-b)(a+\mu)\right]}{4a\left[\sigma^2 + (b-\mu)^2\right]}$$

$$\geqslant 0$$

和

$$\frac{\sqrt{\sigma^2 + \mu^2}(\sqrt{\sigma^2 + \mu^2} + \mu)}{b + \sqrt{\sigma^2 + \mu^2}} - \frac{b\sigma^2}{\sigma^2 + (b-\mu)^2}$$

$$= \frac{\sigma^2(\sigma^2 + \mu^2 - b^2) + (\mu - b)\sqrt{\sigma^2 + \mu^2}\left[\sigma^2 + \mu^2 - b\mu + (\mu - b)\sqrt{\sigma^2 + \mu^2}\right]}{\left(b + \sqrt{\sigma^2 + \mu^2}\right)\left[\sigma^2 + (b-\mu)^2\right]}$$

$$\geqslant \frac{(\mu - b)^2 \sqrt{\sigma^2 + \mu^2}\left(\sqrt{\sigma^2 + \mu^2} - b\right)}{\left(b + \sqrt{\sigma^2 + \mu^2}\right)\left[\sigma^2 + (b-\mu)^2\right]}$$

$$\geqslant 0$$

可知此时最优值为 $f^* = \dfrac{b\sigma^2}{\sigma^2 + (b-\mu)^2}$。

③ 如果 $b^2 \geqslant \sigma^2 + \mu^2 \geqslant a^2$，为证明

$$\frac{\sigma^2 + (b+\mu)^2}{4b} \geqslant \frac{(a+\mu)(\sigma^2 + \mu^2 + a\mu)}{\sigma^2 + (a+\mu)^2}$$

定义函数 $g_1(x) = \dfrac{\sigma^2 + (x+\mu)^2}{4x}$，其中 $x \geqslant \sqrt{\sigma^2 + \mu^2}$；函数 $g_2(x) = \dfrac{(x+\mu)(\sigma^2 + \mu^2 + \mu x)}{\sigma^2 + (x+\mu)^2}$，其中 $x \leqslant \sqrt{\sigma^2 + \mu^2}$。易知

$$g_1(x) = 1/4 \left(\frac{\sigma^2 + \mu^2}{x} + x + 2\mu \right) \geqslant \frac{\sqrt{\sigma^2 + \mu^2} + \mu}{2}$$

同时可知，当 $x \leqslant \sqrt{\sigma^2 + \mu^2}$ 时，有

$$g_2'(x) = \frac{\sigma^2 \left(\sigma^2 + \mu^2 - x^2 \right)}{\left[\sigma^2 + (x+\mu)^2 \right]^2} \geqslant 0$$

因此

$$g_2(x) \leqslant \frac{\sqrt{\sigma^2 + \mu^2} \left(\sqrt{\sigma^2 + \mu^2} + \mu \right)^2}{\sigma^2 + (\sqrt{\sigma^2 + \mu^2} + \mu)^2} = \frac{\sqrt{\sigma^2 + \mu^2} + \mu}{2}$$

至此我们证明

$$\frac{\sigma^2 + (b+\mu)^2}{4b} \geqslant \frac{(a+\mu)(\sigma^2 + \mu^2 + a\mu)}{\sigma^2 + (a+\mu)^2}$$

同理，考虑函数 $g_3(x) = \dfrac{\sigma^2 + \mu^2 + \mu x}{x + \sqrt{\sigma^2 + \mu^2}}$，其中 $x \leqslant \sqrt{\sigma^2 + \mu^2}$。易知

$$g_3'(x) = \frac{\sqrt{\sigma^2 + \mu^2} \left(\mu - \sqrt{\sigma^2 + \mu^2} \right)}{\left(x + \sqrt{\sigma^2 + \mu^2} \right)^2} \leqslant 0$$

从而

$$g_3(x) \geqslant \frac{\sqrt{\sigma^2 + \mu^2} + \mu}{2} \geqslant \frac{(a+\mu)(\sigma^2 + \mu^2 + a\mu)}{\sigma^2 + (a+\mu)^2}$$

综上可以完成定理的证明。 □

通过利用更多的分布信息, 定理 2.4 对目前已有的最优概率不等式的上界进行了改进。Scarf 等 [28] 的结论是本定理的一个特殊情况。同时, 我们有如下推论 [88]。

推论 2.1

$$\sup_{X \in \mathcal{P}([-a,b],\mu,\sigma^2)} E[X - k]_+$$

$$= \begin{cases} 0, & k \geqslant b \\ \dfrac{(b-k)\sigma^2}{\sigma^2 + (b-\mu)^2}, & b \geqslant k \geqslant \dfrac{b^2 - \mu^2 - \sigma^2}{2(b-\mu)} \\ \dfrac{\sqrt{\sigma^2 + (\mu-k)^2} + \mu - k}{2}, & \dfrac{\mu^2 + \sigma^2 - a^2}{2(\mu+a)} \leqslant k \leqslant \dfrac{b^2 - \mu^2 - \sigma^2}{2(b-\mu)} \\ \mu - k + \dfrac{(k+a)\sigma^2}{\sigma^2 + (\mu+a)^2}, & -a \leqslant k \leqslant \dfrac{\mu^2 + \sigma^2 - a^2}{2(\mu+a)} \\ \mu - k, & k \leqslant -a \end{cases}$$

证明　显然, 当 $k \leqslant -a$ 时, 我们有 $\sup\limits_{X \in \mathcal{P}([-a,b],\mu,\sigma^2)} E[X-k]_+ = E[X] - k =$ $\mu - k$; 当 $k \geqslant b$ 时, $\sup\limits_{X \in \mathcal{P}([-a,b],\mu,\sigma^2)} E[X-k]_+ = E[0] = 0$。当 $-a \leqslant k \leqslant b$ 时, 重新定义随机变量 $Y = X - k$, 从而有 $-a - k \leqslant Y \leqslant b - k$、$E[Y] = \mu - k$, 以及 $\mathrm{Var}(Y) = \sigma^2$, 再利用定理 2.4 即可完成本推论证明。　　　　□

在该推论中, 令 $a = 0$、$b = +\infty$ 即可得到文献 [88] 中的结论。

2.3.2　鲁棒 CVaR

本节利用最优概率不等式分析基于 CVaR 的鲁棒风险优化模型。定义目标函数 $f(x,\xi)$ 最差情况下的 α 水平 CVaR, 即鲁棒条件风险价值 (robust conditional value at risk, RCVaR)[89] 为

$$\mathrm{RCVaR}_\alpha(x) := \sup_{\xi \in \mathcal{P}} \mathrm{CVaR}_\alpha(f(x,\xi))$$

相应的鲁棒优化模型为

$$\min_{x \in X} \mathrm{RCVaR}_\alpha(x)$$

本节分析基于支撑集、一阶矩和二阶矩定义的鲁棒 CVaR 的性质。下一节讨论与其对应的鲁棒优化模型的等价模型。基于定理 2.4, 我们有如下结论。

定理 2.5　对于给定的 $x \in X$, 如果随机损失函数 $f(x,\xi)$ 属于分布函数集 $\mathcal{P}([a_x,b_x],\mu_x,\sigma_x^2)$, 那么有

$$
\text{RCVaR}_\alpha(x) = \begin{cases} \dfrac{\mu_x - a_x\alpha}{1-\alpha}, & 0 \leqslant \alpha \leqslant \dfrac{\sigma_x^2}{\sigma_x^2 + (\mu_x - a_x)^2} \\[4mm] \mu_x + \sqrt{\dfrac{\alpha}{1-\alpha}}\sqrt{\sigma_x^2}, & \dfrac{\sigma_x^2}{\sigma_x^2 + (\mu_x - a_x)^2} \leqslant \alpha \leqslant \dfrac{(b_x - \mu_x)^2}{\sigma_x^2 + (b_x - \mu_x)^2} \\[4mm] b_x, & \dfrac{(b_x - \mu_x)^2}{\sigma_x^2 + (b_x - \mu_x)^2} \leqslant \alpha \leqslant 1 \end{cases}
$$

其中，a_x、b_x、μ_x、σ_x^2 分别为随机损失的下界、上界、均值和方差。

证明 首先利用 CVaR 的等价性计算公式，可得

$$
\begin{aligned}
\text{RCVaR}_\alpha(x) &= \sup_{\xi \in \mathcal{P}([a_x, b_x], \mu_x, \sigma_x^2)} \text{CVaR}_\alpha(x) \\[3mm]
&= \sup_{\xi \in \mathcal{P}([a_x, b_x], \mu_x, \sigma_x^2)} \min_{t \in R} \left\{ t + \frac{1}{1-\alpha} E[f(x, \xi) - t]_+ \right\} \\[3mm]
&= \sup_{\xi \in \mathcal{P}([a_x, b_x], \mu_x, \sigma_x^2)} \min_{a \leqslant t \leqslant b} \left\{ t + \frac{1}{1-\alpha} E[f(x, \xi) - t]_+ \right\} \\[3mm]
&= \min_{a \leqslant t \leqslant b} \left\{ t + \frac{1}{1-\alpha} \sup_{\xi \in \mathcal{P}([a_x, b_x], \mu_x, \sigma_x^2)} E[f(x, \xi) - t]_+ \right\}
\end{aligned} \tag{2.6}
$$

其中，min 运算与 max 运算可以交换的性质来自 min-max 定理[89]。

记 $c(t) = t + \dfrac{1}{1-\alpha} \sup\limits_{\xi \in \mathcal{P}([a_x, b_x], \mu_x, \sigma_x^2)} E[f(x, \xi) - t]_+$，我们将逐段讨论 $c(t)$ 的最小值。

(1) 当 $t \leqslant a_x$ 时，我们有 $c(t) = \dfrac{\mu_x - \alpha t}{1-\alpha} \geqslant \dfrac{\mu_x - \alpha a_x}{1-\alpha}$，其对应的最优解为 $t_x^* = a_x$。

(2) 当 $\dfrac{\mu_x^2 + \sigma_x^2 - a_x^2}{2(\mu_x - a_x)} \geqslant t \geqslant a_x$ 时，我们有

$$
c(t) = \frac{\mu_x - \alpha t}{1-\alpha} + \frac{(t - a_x)\sigma_x^2}{(1-\alpha)\left[\sigma_x^2 + (\mu_x - a_x)^2\right]}
$$

因此有

$$
c'(t) = 1 - \frac{1}{1-\alpha} \frac{(\mu_x - a_x)^2}{\sigma_x^2 + (\mu_x - a_x)^2}
$$

当 $\alpha \leqslant \dfrac{\sigma_x^2}{\sigma_x^2 + (\mu_x - a_x)^2}$ 时，$c'(t) \geqslant 0$，因此最优值为 $c^* = c(a_x) = \dfrac{\mu_x - \alpha a_x}{1-\alpha}$；否则，$c^* = c\left[\dfrac{\mu_x^2 + \sigma_x^2 - a_x^2}{2(\mu_x - a_x)}\right]$。

(3) 当 $\dfrac{b_x^2 - \mu_x^2 - \sigma_x^2}{2(b_x - \mu_x)} \geqslant t \geqslant \dfrac{\mu_x^2 + \sigma_x^2 - a_x^2}{2(\mu_x - a_x)}$ 时，我们有

$$c(t) = t + \frac{1}{1-\alpha} \frac{\sqrt{\sigma_x^2 + (\mu_x - t)^2} + \mu_x - t}{2}$$

易证 $c(t)$ 为凸函数，同时利用一阶最优性条件，得到的驻点为

$$\bar{t}_x = \frac{2\alpha - 1}{2\sqrt{\alpha(1-\alpha)}} \sqrt{\sigma_x^2} + \mu_x$$

① 如果 $\bar{t}_x \leqslant \dfrac{b_x^2 - \mu_x^2 - \sigma_x^2}{2(b_x - \mu_x)}$，即

$$\frac{2\alpha - 1}{\sqrt{\alpha(1-\alpha)}} \sqrt{\sigma_x^2} \leqslant \frac{(b_x - \mu_x)^2 - \sigma_x^2}{b_x - \mu_x} \tag{2.7}$$

下面分析此种情况下对应的 α 的取值。

第一，如果 $(b_x - \mu_x)^2 \geqslant \sigma_x^2$，易知 $0 \leqslant \alpha \leqslant 1/2$ 满足式 (2.7)；如果 $\alpha \geqslant 1/2$，我们有

$$\alpha^2 - \alpha + \left[\frac{\sigma_x(b_x - \mu_x)}{\sigma_x^2 + (b_x - \mu_x)^2} \right]^2 \leqslant 0$$

从而有

$$\frac{\sigma_x^2}{\sigma_x^2 + (b_x - \mu_x)^2} \leqslant \alpha \leqslant \frac{(b_x - \mu_x)^2}{\sigma_x^2 + (b_x - \mu_x)^2}$$

合并这两种情况，可得

$$0 \leqslant \alpha \leqslant \frac{(b_x - \mu_x)^2}{\sigma_x^2 + (b_x - \mu_x)^2}$$

第二，如果 $(b_x - \mu_x)^2 \leqslant \sigma_x^2$，易知 $0 \leqslant \alpha \leqslant 1/2$ 满足式 (2.7)，进而我们有

$$\frac{\sigma_x^2}{\sigma_x^2 + (b_x - \mu_x)^2} \leqslant \alpha \leqslant 1, \ \text{或者} \ 0 \leqslant \alpha \leqslant \frac{(b_x - \mu_x)^2}{\sigma_x^2 + (b_x - \mu_x)^2}$$

合并这两种情况，可得

$$0 \leqslant \alpha \leqslant \frac{(b_x - \mu_x)^2}{\sigma_x^2 + (b_x - \mu_x)^2}$$

② 如果 $\bar{t}_x \geqslant \dfrac{\mu_x^2 + \sigma_x^2 - a_x^2}{2(\mu_x - a_x)}$，即

$$\frac{2\alpha - 1}{\sqrt{\alpha(1-\alpha)}} \sqrt{\sigma_x^2} \geqslant \frac{\sigma_x^2 - (\mu_x - a_x)^2}{\mu_x - a_x} \tag{2.8}$$

下面我们分析此种情况下对应的 α 的取值。

第一，如果 $(\mu_x - a_x)^2 \geqslant \sigma_x^2$，易知 $1/2 \leqslant \alpha \leqslant 1$ 满足式 (2.8)；如果 $\alpha \leqslant 1/2$，我们有

$$\alpha^2 - \alpha + \left[\frac{\sigma_x(\mu_x - a_x)}{\sigma_x^2 + (\mu_x - a_x)^2} \right]^2 \leqslant 0$$

从而有

$$\frac{\sigma_x^2}{\sigma_x^2 + (\mu_x - a_x)^2} \leqslant \alpha \leqslant \frac{(\mu_x - a_x)^2}{\sigma_x^2 + (\mu_x - a_x)^2}$$

合并这两种情况，可得

$$\frac{\sigma_x^2}{\sigma_x^2 + (\mu_x - a_x)^2} \leqslant \alpha \leqslant 1$$

第二，如果 $(\mu_x - a_x)^2 \leqslant \sigma_x^2$，易知 $\alpha \geqslant 1/2$ 满足式 (2.8)，进而我们有

$$\frac{\sigma_x^2}{\sigma_x^2 + (\mu_x - a_x)^2} \leqslant \alpha \leqslant 1, \text{或者} \ 0 \leqslant \alpha \leqslant \frac{(\mu_x - a_x)^2}{\sigma_x^2 + (\mu_x - a_x)^2}$$

合并这两种情况，可得

$$\frac{\sigma_x^2}{\sigma_x^2 + (\mu_x - a_x)^2} \leqslant \alpha \leqslant 1$$

综合这两种情况,注意到 $\dfrac{\sigma_x^2}{\sigma_x^2 + (\mu_x - a_x)^2} \leqslant \dfrac{(b_x - \mu_x)^2}{\sigma_x^2 + (b_x - \mu_x)^2}$、$\dfrac{\sigma_x^2}{\sigma_x^2 + (b_x - \mu_x)^2}$ $\leqslant \dfrac{(\mu_x - a_x)^2}{\sigma_x^2 + (\mu_x - a_x)^2}$，可知当

$$\frac{\sigma_x^2}{\sigma_x^2 + (\mu_x - a_x)^2} \leqslant \alpha \leqslant \frac{(b_x - \mu_x)^2}{\sigma_x^2 + (b_x - \mu_x)^2}$$

时，最优解为 $t_x^* = \bar{t}_x$，最优值为 $c^* = \mu_x + \sqrt{\dfrac{\alpha}{1 - \alpha}} \sqrt{\sigma_x^2}$；否则，当 $\alpha \geqslant \dfrac{(b_x - \mu_x)^2}{\sigma_x^2 + (b_x - \mu_x)^2}$ 时，最优值为 $t_x^* = \dfrac{b_x^2 - \mu_x^2 - \sigma_x^2}{2(b_x - \mu_x)}$；当 $\alpha \leqslant \dfrac{\sigma_x^2}{\sigma_x^2 + (\mu_x - a_x)^2}$ 时，最优值为 $t_x^* = \dfrac{\mu_x^2 + \sigma_x^2 - a_x^2}{2(\mu_x - a_x)}$。

(4) 当 $b_x \geqslant t \geqslant \dfrac{b_x^2 - \mu_x^2 - \sigma_x^2}{2(b_x - \mu_x)}$ 时，我们有

$$c(t) = t + \frac{(b_x - t)\sigma_x^2}{(1 - \alpha)\left[\sigma_x^2 + (b_x - \mu_x)^2\right]}$$

因此有

$$c'(\alpha) = 1 - \frac{1}{1-\alpha} \frac{\sigma_x^2}{\sigma_x^2 + (b_x - \mu_x)^2}$$

当 $\alpha \geqslant \dfrac{(b_x - \mu_x)^2}{\sigma_x^2 + (b_x - \mu_x)^2}$ 时，$c'(t) \leqslant 0$，最优值为 $c^* = c(b_x) = b_x$；否则，

$c^* = c\left[\dfrac{b_x^2 - \mu_x^2 - \sigma_x^2}{2(b_x - \mu_x)}\right]$。

(5) 当 $t \geqslant b_x$ 时，$c(t) = t \geqslant b_x$。

记最优解 t_x^* 构成的集合为 T_x，可知

$$T_x = \begin{cases} \{a_x\}, \quad 0 \leqslant \alpha \leqslant \dfrac{\sigma_x^2}{\sigma_x^2 + (\mu_x - a_x)^2} \\[3mm] \left[a_x, \dfrac{\mu_x^2 + \sigma_x^2 - a_x^2}{2(\mu_x - a_x)}\right], \quad \alpha = \dfrac{\sigma_x^2}{\sigma_x^2 + (\mu_x - a_x)^2} \\[3mm] \left\{\dfrac{2\alpha - 1}{2\sqrt{\alpha(1-\alpha)}} \sqrt{\sigma_x^2} + \mu_x\right\}, \quad \dfrac{\sigma_x^2}{\sigma_x^2 + (\mu_x - a_x)^2} \leqslant \alpha \leqslant \dfrac{(b_x - \mu_x)^2}{\sigma_x^2 + (b_x - \mu_x)^2} \\[3mm] \left[\dfrac{b_x^2 - \mu_x^2 - \sigma_x^2}{2(b_x - \mu_x)}, b_x\right], \quad \alpha = \dfrac{(b_x - \mu_x)^2}{\sigma_x^2 + (b_x - \mu_x)^2} \\[3mm] \{b_x\}, \quad \dfrac{(b_x - \mu_x)^2}{\sigma_x^2 + (b_x - \mu_x)^2} \leqslant \alpha \leqslant 1 \end{cases}$$

因此，定理得证。　　　　　　　　　　　　　　　　　　　　　　　　　　　□

2.3.3　基于 RCVaR 的鲁棒优化

考虑如下基于 RCVaR 的鲁棒优化模型，即

$$\min_{x \in X} \mathrm{RCVaR}_\alpha(x)$$

上节给出了 RCVaR 的显示表达式，但是利用定理 2.5 计算 RCVaR 需要考虑复杂的分段约束。本节证明求解基于 RCVaR 的鲁棒优化模型等价于首先分别求解三个独立、相对简单的优化模型，然后计算三者最优目标函数的最小值，因此可以避免处理复杂的分段约束。

定理 2.6　假设随机损失函数 $f(x, \xi)$ 属于分布函数集 $\mathcal{P}([a_x, b_x], \mu_x, \sigma_x^2)$，则有

$$\min\{\mathrm{RCVaR}_\alpha(x) \text{ s.t. } x \in X\} = \min\{v_1^*, v_2^*, v_3^*\}$$

其中

$$v_1^* = \min\left\{\frac{\mu_x - a_x\alpha}{1-\alpha} \quad \text{s.t. } x \in X\right\}$$

$$v_2^* = \min\left\{\mu_x + \sqrt{\frac{\alpha}{1-\alpha}}\sqrt{\sigma_x^2} \quad \text{s.t.} \ x \in X\right\}$$

$$v_3^* = \min\left\{b_x \quad \text{s.t.} \ x \in X\right\}$$

证明 一方面，对于任意给定的 $x \in X$，如果 $\alpha \leqslant \dfrac{(b_x - \mu_x)^2}{\sigma_x^2 + (b_x - \mu_x)^2}$，即 $\sigma_x^2 \leqslant \dfrac{1-\alpha}{\alpha}(b_x - \mu_x)^2$，那么

$$\mu_x + \sqrt{\frac{\alpha}{1-\alpha}}\sqrt{\sigma_x^2} \leqslant b_x$$

否则，如果 $\alpha \geqslant \dfrac{(b_x - \mu_x)^2}{\sigma_x^2 + (b_x - \mu_x)^2}$，那么 $\mu_x + \sqrt{\dfrac{\alpha}{1-\alpha}}\sqrt{\sigma_x^2} \geqslant b_x$。

另一方面，对于任意给定的 $x \in X$，如果 $\dfrac{\sigma_x^2}{\sigma_x^2 + (\mu_x - a_x)^2} \leqslant \alpha$，即 $\sigma_x^2 \leqslant \dfrac{\alpha}{1-\alpha}(\mu_x - a_x)^2$，那么

$$\mu_x + \sqrt{\frac{\alpha}{1-\alpha}}\sqrt{\sigma_x^2} \leqslant \frac{\mu_x - a_x\alpha}{1-\alpha}$$

否则，如果 $\dfrac{\sigma_x^2}{\sigma_x^2 + (\mu_x - a_x)^2} \geqslant \alpha$，那么 $\mu_x + \sqrt{\dfrac{\alpha}{1-\alpha}}\sqrt{\sigma_x^2} \geqslant \dfrac{\mu_x - a\alpha}{1-\alpha}$。

记 $\bar{f} = \min\{v_1^*, v_2^*, v_3^*\}$，$f^* = \min\{\text{RCVaR}_\alpha(x) \ \text{s.t.} \ x \in X\}$，易知 $\bar{f} \leqslant f^*$。不妨假设 $\bar{f} = v_2^*$，如果与 v_2^* 对应的 x^* 满足 $\dfrac{\sigma_x^2}{\sigma_x^2 + (\mu_x - a_x)^2} \leqslant \alpha \leqslant \dfrac{(b_x - \mu_x)^2}{\sigma_x^2 + (b_x - \mu_x)^2}$，那么 $x^* \in X$ 可行，并且

$$\bar{f} = \text{RCVaR}_\alpha(x^*) \geqslant f^*$$

如果与 v_2^* 对应的 x^* 不满足上述假设，若 $\dfrac{\sigma_{x^*}^2}{\sigma_{x^*}^2 + (\mu_{x^*} - a_{x^*})^2} \geqslant \alpha$，那么

$$\bar{f} = \mu_{x^*} + \sqrt{\frac{\alpha}{1-\alpha}}\sqrt{\sigma_{x^*}^2} \geqslant \frac{\mu_{x^*} - a\alpha}{1-\alpha} = \text{RCVaR}_\alpha(x^*) \geqslant f^*$$

若 $\alpha \geqslant \dfrac{(b_{x^*} - \mu_{x^*})^2}{\sigma_{x^*}^2 + (b_{x^*} - \mu_{x^*})^2}$，同理可证 $\bar{f} \geqslant f^*$，从而证明 $\bar{f} = f^*$。 □

定理 2.6 给出了对于一般损失目标函数求解基于 RCVaR 的风险优化模型的方法。需要特别注意，该模型假设损失函数 $f(x,\xi)$ 属于分布函数集 $\mathcal{P}([a_x, b_x], \mu_x, \sigma_x^2)$。下面对如何得到损失函数 $f(x,\xi)$ 所属的分布函数集信息进行初步讨论。

(1) 当 $f(x,\cdot)$ 具有某些特定函数形式时，可以直接获得关于随机损失 $f(x,\xi)$ 分布函数集的信息。例如，当 $f(x,\xi) = -\xi^{\mathrm{T}}x$ 时，该函数作为最优投资组合和供应商选择投资问题中的经典目标函数被研究者广泛采用。当已知随机收益 ξ 的矩信息或者采样信息时，我们可以很容易地建立本节讨论的模型。在后续的章节中，我们将进一步讨论该问题的性质和求解算法。

(2) 当 $f(x,\cdot)$ 的函数形式非常复杂，甚至难以用数学表达式描述时，可以采用仿真模拟的方法估计其分布函数集信息。具体而言，对于给定的决策 $x \in X$，对不同随机实现下的目标函数值进行仿真，并且计算其对应的支撑集、一阶矩和二阶矩。最终采用函数拟合的方法估计 a_x、b_x、μ_x 和 σ_x^2 的函数形式。

2.4   本 章 小 结

本章讨论以鲁棒期望风险和 RCVaR 为目标函数的鲁棒优化模型，并基于广义对偶原理给出等价的确定性模型。在后续章节中，我们分别采用基于矩信息的鲁棒期望优化模型和 RCVaR 模型研究库存管理和路径规划问题，并设计针对性的有效算法。

第 3 章 基于矩信息的鲁棒库存优化方法及算法

本章采用基于矩信息的鲁棒优化方法对具有随机需求的两阶段批量订购问题进行研究。首先，讨论如何构造随机顾客需求的分布函数集，建立鲁棒优化模型。然后，通过对第二阶段子问题的最短路形式刻画，将复杂的 min-max-min 问题等价转换为一个混合 0-1 二阶锥规划问题。最后，通过挖掘目标函数的凹性和最短路约束的特殊性质，设计了一种精确求解该问题的参数搜索 (parametric search, PS) 算法。针对不同周期随机需求不相关的情况和相邻周期随机需求部分相关的情况，设计多项式时间的求解算法，并通过数值实验验证所提模型和方法的有效性。

3.1 批量订购问题

3.1.1 问题背景

批量订购问题是供应链管理中的一个经典问题。批量订购问题中的两个最基本的决策是确定订购的时间和数量。Wagner 等 [90] 最早研究了多周期的批量订购问题，并提出求解最优解的动态规划算法。

在 Wagner 等 [90]、Manne[91] 研究的基础上，研究者提出包含更多实际因素的多周期批量订购模型，并研究了相应的优化求解算法。传统的批量订购模型假定所有的需求都要被满足。正如 Aksen 等 [92] 指出的，当某些周期的边际收益很低时，损失部分订单可能带来更大的收益。因此，Sandbothe 等 [93] 进一步研究了允许订单损失的批量订购问题，并针对具有时不变参数的模型，提出具有渐进线性计算时间的求解算法。Aksen 等 [92] 研究了具有一般参数结构的允许订单损失的批量订购问题，并设计了计算复杂度为 $O(T^2)$ 的动态规划算法。

考虑实际批量订购中顾客需求具有很大的不确定性，研究者进而对具有不确定需求的批量订购模型进行了研究。此类研究的模型可以分为两类，即随机模型和鲁棒模型。随机模型的研究主要侧重于设计有效的求解算法，例如，Sox 研究了具有随机需求和动态费用参数的批量订购问题，并提出类似于 Wagner-Whitin 方法的动态规划算法 [94]。Brandimarte[95] 研究了具有随机需求和最大库存水平限制的多水平批量订购问题，并设计了限定松弛 (fix-and-relax) 算法。随机模型需要假定顾客需求满足特定的已知分布，并针对问题的特性设计特定的求解方法，而鲁棒优化模型则可以避免此类问题。Bertsimas 等 [29] 采用有界的多面体描述顾客需求的不确定性,研究了一系列批量订购模型。在不需要假定顾客需求服从特定分布的条件下,他们证明鲁棒优化模型可以等价转化为特定的确定性优化模型,从而可以很方便地求解。Klabjan[50] 提出基于 χ^2-距离,以及随机需求的经验分布来定义其分布函数集的方法。他们证明分布集鲁棒模型的最优解结构与传统随机模型的最优解结构相同;当样本数量足够大时,鲁棒模型的最优解将收敛到随机模型的最优解。与现有的文献相比,本书研究了允许订单损失的两阶段批量订购问题,提出采用采样信息构造分布函数集的方法,进而建立分布集鲁棒风险优化模型,通过计算实验与传统的随机模型,验证提出模型的有效性。与本章内容相关的其他研究成果,请读者参考文献 [96]。

3.1.2　顾客需求的分布函数集

本节首先给出描述顾客需求不确定性的分布函数集,随后讨论如何从历史信息 (采样信息) 中构造该分布函数集的参数。

为了描述顾客随机需求 D 的分布函数,考虑如下分布函数集,即

$$\mathcal{D} = \left\{ F : (E_F[D] - \mu_s)^T \Sigma_s^{-1} (E_F[D] - \mu_s) \leqslant \epsilon^2, \ D \in \mathbf{R}_+^T \right\}$$

其中,F 为随机需求 D 可能的分布函数;μ_s 和 Σ_s 为基于历史信息的采样一阶矩和协方差矩阵,这里假设 Σ_s 为正定矩阵,即 $\Sigma_s \succ 0$;参数 T 为订购问题的周期数;参数 $\epsilon \geqslant 0$ 控制分布函数集的大小。

文献 [68] 提出比 $\mathcal{D}$ 更复杂的基于非精确矩信息的分布函数集。为了保证模型的可计算性,他们要求 D 的支撑集为凸、紧集,同时其研究的模型中只包含连续优化变量。在本书研究的问题中,$D \in \mathbf{R}_+^T$,D 的支撑集不是紧集,同时批量问题既包含连续变量,也包含离散变量。

当 $\epsilon = 0$ 时,该分布函数集退化为包含精确一阶矩信息的分布函数集,可见分布集鲁棒风险优化模型包含基于精确矩信息的分布集鲁棒模型。进一步,如果给定随机需求 D 的精确分布函数,那么可以得到传统的随机模型。如果给定的随机需求 D 的分布函数为单点分布,那么可以得到最基本的确定性模型。

下面讨论如何通过样本信息估计随机需求 D 的一阶矩。假设 μ 和 Σ 为随机需求 D 的真实一阶矩和协方差矩阵,并且 $\Sigma \succ 0$。为了便于分析,我们考虑标准化的随机向量 $X = \Sigma^{-1/2}(D - \mu)$,即 $E[X] = 0$ 和 $E[XX^T] = I$。

首先,我们引入如下有界性假设,即存在一个以 0 为中心的、半径为 γ 的球覆盖随机向量 X 的所有实现,即

$$\text{Prob}\left(X^T X \leqslant \gamma^2\right) = \text{Prob}\left((D - \mu)^T \Sigma^{-1}(D - \mu) \leqslant \gamma^2\right) = 1$$

下面的分析需要用到独立有界差不等式 [97]。该不等式表明,如果随机向量本

身是有界的，而且对随机向量进行变换的函数在某种程度上是连续的，那么变换之后的随机实现与其期望值之间的差可以通过概率不等式控制。

引理 3.1 $\{X_i\}_{i=1}^M$ 是一组独立随机变量，并且 X_i 的支撑集为 S_i。考虑定义在 $S_1 \times S_2 \times \cdots \times S_M$ 上的实值函数 $g(x_1, x_2, \cdots, x_M)$，并且满足

$$|g(x_1, x_2, \cdots, x_j, \cdots, x_M) - g(x_1, x_2, \cdots, x_j', \cdots, x_M)| \leqslant c_j$$

其中，x_j 和 x_j' 为 S_j 上的任意值。

对于任意的 $t \geqslant 0$，我们有

$$\text{Prob}\left(g(X_1, X_2, \cdots, X_M) - E[g(X_1, X_2, \cdots, X_M)] \leqslant -t\right) \leqslant \exp\left(\frac{-2t^2}{\displaystyle\sum_{i=1}^M c_j^2}\right)$$

容易验证以上不等式的另一种形式，即

$$\text{Prob}\left(g(X_1, X_2, \cdots, X_M) - E[g(X_1, X_2, \cdots, X_M)] \geqslant t\right) \leqslant \exp\left(\frac{-2t^2}{\displaystyle\sum_{i=1}^M c_j^2}\right)$$

定理 3.1   假设 X 为标准化的随机向量，$\{X_i\}_{i=1}^M$ 是 X 的一组独立随机采样。如果 X 满足有界性假设，那么可以不小于 $1 - \delta$ 的概率保证以下事件成立，即

$$\left\|\frac{1}{M}\sum_{i=1}^M X_i\right\|^2 \leqslant p(\delta)$$

其中，$p(\delta) = \dfrac{\gamma^2}{M}\left(\dfrac{\sqrt{T}}{\gamma} + \sqrt{2\ln(1/\delta)}\right)^2$。

证明   令 $x = (x_1, x_2, \cdots, x_M)$，其中 $x_i \in \mathbf{R}^T$ 并且 $x_i^{\mathrm{T}} x_i \leqslant \gamma^2$。考虑函数

$$g(x) = \frac{\left\|\displaystyle\sum_{i=1}^M x_i\right\|}{M}, \quad \text{则有}$$

$$|g(x_1, x_2, \cdots, x_j, \cdots, x_M) - g(x_1, x_2, \cdots, x_j', \cdots, x_M)|$$

$$= \frac{\left\|\left\|\displaystyle\sum_{i=1}^M x_i\right\| - \left\|\displaystyle\sum_{i \neq j} x_i + x_j'\right\|\right\|}{M}$$

$$\leqslant \frac{\|x_j - x'_j\|}{M}$$

$$\leqslant \frac{2\gamma}{M}$$

同时有

$$(E[g(X_1, X_2, \cdots, X_M)])^2 \leqslant E[g^2(X_1, X_2, \cdots, X_M)]$$

$$= \frac{E\left[\left(\sum_i^M x_i\right)^{\mathrm{T}} \left(\sum_i^M x_i\right)\right]}{M^2}$$

$$= \frac{E\left[\sum_i^M x_i^{\mathrm{T}} x_i\right]}{M^2}$$

$$= \frac{T}{M}$$

从而有 $E[g(X_1, X_2, \cdots, X_M)] \leqslant \sqrt{T/M}$。利用独立有界差不等式，则有

$$\mathrm{Prob}\left(g(X_1, X_2, \cdots, X_M) - E[g(X_1, X_2, \cdots, X_M)] \geqslant t\right) \leqslant \exp\left(\frac{-Mt^2}{2\gamma^2}\right)$$

令 $t = \dfrac{\gamma}{\sqrt{M}}\sqrt{2\ln(1/\delta)}$，则有

$$\mathrm{Prob}\left(g(X_1, X_2, \cdots, X_M) \leqslant E[g(X_1, X_2, \cdots, X_M)] + t\right) \geqslant 1 - \delta$$

从而有

$$\mathrm{Prob}\left(\frac{\left\|\sum_{i=1}^M X_i\right\|}{M} \leqslant \frac{\gamma}{\sqrt{M}}\left(\frac{\sqrt{T}}{\gamma} + \sqrt{2\ln(1/\delta)}\right)\right) \geqslant 1 - \delta$$

对左侧概率内的项平方即可得到所证的结论。　　　　　　　　　　　　□

Shawe-Taylor 等 [98] 给出了同样条件下的类似边界，但是我们的边界更加紧。具体而言，在文献 [98] 中，$p'(\delta) = \dfrac{\gamma^2}{M}\left(2 + \sqrt{2\ln(1/\delta)}\right)^2$。根据假设，$X$ 的任意分量 X^i 的均值为 0，方差为 1，设 X^i 的支撑集为 $[a_i, b_i]$，由引理 2.2 可知

$$|a_i b_i| + (|b_i| - |a_i|)\mu_i \geqslant \mu_i^2 + \sigma_i^2 = 1$$

即 $|a_i b_i| \geqslant 1$。因此，X^i 至少包含某一个随机实现的绝对值大于 1。因此，有

$$\gamma^2 \geqslant \max_{x_i \in [a_i, b_i]} \sum_{i=1}^{T} x_i^2 \geqslant T$$

即 $\dfrac{\sqrt{T}}{\gamma} \leqslant 1$，从而证明 $p(\delta) < p'(\delta)$。在 $1 - \delta$ 概率保证条件下，$p(\delta)$ 越小，对真实一阶矩的估计就越精确。换言之，要得到同样的估计精度，所需要的样本数就越少。

利用变量替换，由定理 3.1 可以直接得到如下推论。

推论 3.1 假设 D 为随机向量，$\{D_i\}_{i=1}^{M}$ 是 D 的一组独立随机采样。如果 D 满足有界性假设，那么可以不小于 $1 - \delta$ 的概率保证以下事件成立，即

$$(\mu - \mu_s)^{\mathrm{T}} \Sigma^{-1} (\mu - \mu_s) \leqslant p(\delta)$$

其中，$p(\delta) = \dfrac{\gamma^2}{M} \left(\dfrac{\sqrt{T}}{\gamma} + \sqrt{2 \ln (1/\delta)} \right)^2$。

注意到，推论 3.1 给出的对随机向量一阶矩的估计是基于真实协方差矩阵 Σ 的，而实际的应用中往往只能采样得到随机向量的采样协方差矩阵 Σ_s。利用文献 [68] 中的定理 2 关于 Σ 与 Σ_s 两者之间关系的结论，以及推论 3.1，我们有以下推论。

推论 3.2 假设 D 为随机向量，$\{D_i\}_{i=1}^{M}$ 是 D 的一组独立随机采样。如果 D 满足有界性假设，并且

$$M > \gamma^4 \left(\sqrt{1 - T/\gamma^4} + \sqrt{\ln (2/\delta)} \right)^2$$

那么可以不小于 $1 - \delta$ 的概率保证以下事件成立，即

$$(\mu - \mu_s)^{\mathrm{T}} \Sigma_s^{-1} (\mu - \mu_s) \leqslant \dfrac{p(\delta/2)}{1 - p(\delta/2) - \alpha(\delta/4)}$$

其中，$p(\delta) = \dfrac{\gamma^2}{M} \left(\dfrac{\sqrt{T}}{\gamma} + \sqrt{2 \ln (1/\delta)} \right)^2$；$\alpha(\delta) = \dfrac{\gamma^2}{\sqrt{M}} \left(\sqrt{1 - T/\gamma^4} + \sqrt{\ln (4/\delta)} \right)$。

3.2 两阶段批量订购鲁棒优化模型

3.2.1 问题模型

本章研究具有多周期随机需求的两阶段决策批量订购计划问题。在第一阶段，决策者尚无法精确地预测各个周期内的需求量。由于设备和人员需要提前准备、

确定和供应商的原料合同等原因，决策者需要在第一阶段就确定各个周期内是否进行订购活动，从而提前准备所需的资源。在订购准备的同时，决策者逐步获得比较精确的需求信息。在随后的第二阶段，决策者可以根据精确的需求信息做出优化的订购量决策。

具体而言，两阶段决策批量订购计划给出了未来 $\{1, 2, \cdots, T\}$ 周期内是否订购以及订购量决策。第一阶段决定未来每一个周期 t 是否进行订购，$y_t \in \{0, 1\}$，然后在第二阶段确定订购批量 $x_t \in \mathbf{R}^+$。模型中包含的随机需求及费用参数如下。

D_t：第 t 周期内的随机需求量，同时令 $D = (D_1, D_2, \cdots, D_T)^{\mathrm{T}}$。

F：随机需求向量 D 的概率分布函数。

μ：随机需求向量 D 的估计均值。

Σ：随机需求向量 D 的估计协方差矩阵。

d_t：随机需求 D_t 的实现值，同时令 $d = (d_1, d_2, \cdots, d_T)^{\mathrm{T}}$。

c_t：设备、人员等的启动成本。

p_t：单位产量的订购费用。

h_t：单位产品的库存费用；令 $h_{k,t} = \sum\limits_{i=k}^{t} h_i$，如果 $t \leqslant k$，否则 $h_{k,t} = 0$。

π_t：单位产品缺货或延迟满足需求的惩罚费用。

在第一阶段，决策者往往无法精确得到随机需求向量的概率分布函数 F。然而，一般可以通过历史数据对 D 的某些概率特性进行估计，构造一个包含真实 F 的概率分布函数集 $\mathcal{D}$。本章假定 $F \in \mathcal{D}$。我们将证明订购周期及批量的最优决策仅取决于 D 的均值 $E[D]$，进而围绕 $E[D]$ 构造概率分布函数集 $\mathcal{D}$。

本章根据对缺货情况的不同处理方法，研究三类模型，即允许延迟交货、销售损失、不允许缺货。在允许延迟交货 (backlogging) 的情况下，如果某个周期内的订单无法得到满足，那么允许稍后订购周期内订购的产品延迟交付；在销售损失 (lost sales) 的情况下，如果某个周期内订单无法得到满足，那么无法满足的需求将由竞争者满足；在不允许缺货 (not backlogging) 的情况下，决策者需要提前订购足够的产品来满足各个周期内的订单。

基于分布鲁棒优化方法的两阶段决策批量订购计划问题模型为

$$
(\mathrm{DRM}) \quad \min_{y \in \{0,1\}^T} \left(\sum_{t=1}^{T} c_t y_t + \sup_{F \in \mathcal{D}} E_F[f(y, D)] \right) \tag{3.1}
$$

其中，$f(y, d)$ 代表给定第一阶段决策 y 和需求实现 $D = d$ 时的第二阶段费用函数。

根据对缺货情况的不同处理方法，$f(y, d)$ 具有不同的形式。在销售损失的情况 (LS-LS) 下，$f(y, d)$ 的定义为

$$f_{\text{LS}}(y,d) = \min_{x,s,L} \sum_{t=1}^{T} (p_t x_t + h_t s_t + \pi_t L_t)$$

$$\text{s.t.} \quad s_t = s_{t-1} + x_t - (d_t - L_t), \quad 1 \leqslant t \leqslant T$$

$$x_t \leqslant M y_t, \quad 1 \leqslant t \leqslant T$$

$$L_t \leqslant d_t, \quad 1 \leqslant t \leqslant T$$

$$x_t, s_t, L_t \geqslant 0, \quad s_0 = 0, \quad 1 \leqslant t \leqslant T \tag{3.2}$$

其中，x_t 表示第 t 周期的订购产量；s_t 表示第 t 周期的库存水平；L_t 表示第 t 周期未满足的订单量；M 为足够大的实数。

Aksen 等 [92] 研究了确定性需求、销售损失情况下的最优批量订购问题，并提出多项式时间的算法。

在允许延迟交货的情况 (LS-B) 下，$f(y,d)$[99] 的定义为

$$f_{\text{B}}(y,d) = \min_{x,s,r} \sum_{t=1}^{T} (p_t x_t + h_t s_t + \pi_t r_t)$$

$$\text{s.t.} \quad s_t - r_t = s_{t-1} - r_{t-1} + x_t - d_t, \quad 1 \leqslant t \leqslant T$$

$$x_t \leqslant M y_t, \quad 1 \leqslant t \leqslant T$$

$$x_t, s_t, r_t \geqslant 0, \quad s_0 = r_0 = s_T = r_T = 0, \quad 1 \leqslant t \leqslant T \tag{3.3}$$

其中，s_t 表示第 t 个周期的库存；r_t 表示第 t 个周期的缺货量决策。

不允许缺货的情况 (LS-NB) 可以看作前两种情况的特例。如果单位产品缺货或延迟满足需求的惩罚费用 π_t 足够大，那么 $r_t = 0(1 \leqslant t \leqslant T)$，$L_t = 0(1 \leqslant t \leqslant T)$，因此不允许缺货的情况下的第二阶段费用函数 $f(y,d)$ 为

$$f_{\text{NB}}(y,d) = \min_{x,s,L} \sum_{t=1}^{T} (p_t x_t + h_t s_t)$$

$$\text{s.t.} \quad s_t = s_{t-1} + x_t - d_t, \quad 1 \leqslant t \leqslant T$$

$$x_t \leqslant M y_t, \quad 1 \leqslant t \leqslant T$$

$$x_t, s_t \geqslant 0, \quad s_0 = 0, \quad 1 \leqslant t \leqslant T \tag{3.4}$$

3.2.2 第二阶段费用函数的等价最短路形式

本节研究 LS-LS、LS-B、LS-NB 情况下第二阶段费用函数的等价最短路形式。为此，首先给出 f_{LS} 的等价设施选址形式。利用文献 [92] 中的引理 1~ 引理 3

可知, 对于给定的 y, 最优解中每一个周期的需要要么全被满足, 要么全部损失。为此, 引入变量 $w_{k,t} \in \{0,1\}$ 指示需求 d_t 是否被第 k 个周期订购的产品满足, 引入变量 $w_{0,t} \in \{0,1\}$ 指示需求 d_t 是否全部损失, 其中 $1 \leqslant k \leqslant t \leqslant T$。因为未满足的需求立刻损失, 有 $\sum_{k=0}^{t} w_{k,t} = 1$, 其中 $1 \leqslant t \leqslant T$。因此, 可得如下结论。

引理 3.2　对任意给定的 $y \in \{0,1\}^T$ 及需求 $d \in \mathbf{R}_+^T$, 有

$$f_{\mathrm{LS}}(y,d) = \min_{w} \sum_{t=1}^{T} d_t \left\{ \pi_t w_{0,t} + \sum_{k=1}^{t} (p_k + h_{k,t-1}) w_{k,t} \right\}$$

$$\text{s.t.} \quad \sum_{k=0}^{t} w_{k,t} = 1, \quad w_{k,t} \leqslant y_k, \quad 1 \leqslant k \leqslant t \leqslant T$$

$$w_{0,t}, w_{k,t} \in \{0,1\}, \quad 1 \leqslant k \leqslant t \leqslant T \tag{3.5}$$

进一步, 存在最优的 w^*, 使得如果对某个 $1 \leqslant k \leqslant t \leqslant T$, $w_{k,t}^* = 1$, 那么对所有的 $\tau \in \{k, k+1, \cdots, t-1\}$, 均有 $w_{k,\tau}^* = 1$ 或者 $w_{0,\tau}^* = 1$。

证明　因为式 (3.5) 的目标函数及约束条件关于下标 t 均是可分离的, 所以有 $f(y,d) = \sum_{t=1}^{T} \alpha_t d_t$, $\alpha_t = \min\{\pi_t, \min_{1 \leqslant k \leqslant t} \{p_k + h_{k,t-1} + (1-y_k)M\}\}$。如果 $w_{k,t}^* = 1$, 那么对任意 $l \in \{1, 2, \cdots, t\}$, 有 $p_k + h_{k,t-1} \leqslant p_l + h_{l,t-1}$。因此, 对任意 $\tau = \max\{l, k\}, \max\{l, k\}+1, \cdots, t$, 有 $p_k + h_{k,\tau-1} \leqslant p_l + h_{l,\tau-1}$。当 $p_k + h_{k,\tau-1} \leqslant \pi_\tau$ 时, $w_{k,\tau}^* = 1$; 否则, $w_{0,\tau}^* = 1$。 □

通过挖掘 LS-LS 问题的特殊结构, 可以进一步给出其最短路形式。式 (3.5) 表明, LS-LS 问题等价于一个定义在图 $G = (V, A)$ 上的特殊的最短路问题, 其中 $V = \{1, 2, \cdots, T+1\}$, $A = A_1 \cup A_Z$, $A_1 = \{(k, t) : 1 \leqslant k < t \leqslant T+1\}$ 并且 $A_Z = \{(t, t+1) : t = 1, 2, \cdots, T\}$。图 3.1 为当 $T = 3$ 时 $G = (V, A)$ 的图示。该图中相邻的节点间存在两条并行的弧, 分别对应销售损失和需求满足的情况。在节点 k 和 $k+1 (k = 1, 2, \cdots, T)$ 之间存在两条平行的弧。对于弧 $(k, t) \in A_1$ 和 $(t, t+1) \in A_Z$, 定义两组离散变量 $x_{k,t}$ 和 z_t。$x_{k,t} = 1$ 表示订购周期 k 内订购的产品所满足的最后一个需求周期为 t, $z_t = 1$ 表明周期 t 的需求 d_t 损失了。注意, 当 $x_{k,t} = 1$ 时, 周期 $k \leqslant s \leqslant t-1$ 内的需求仍然有可能不被满足, 而损失; 对这种现象的解释在于某个周期内的缺货惩罚可能很小, 而满足该需求所消耗的单位生产和库存成本很高。

下面讨论 LS-B 问题的最短路形式。Pochet 等 [99] 已经给出了确定性生产批量计划问题的设施选址形式和最短路形式。关于 LS-B 问题的最短路形式可以参考文献 [99]。

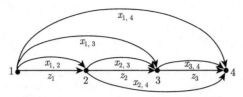

图 3.1 $T = 3$ 时 $G = (V, A)$ 的图示

因为 LS-NB 是 LS-LS 的特例，其最短路形式与 LS-LS 的情况类似，仅需要令 $z_t = 0$ $(1 \leqslant t \leqslant T)$。尽管在最短路问题中，当费用系数非负时，我们可以将路径 0-1 变量松弛为连续变量，但是实验表明，本书研究的非线性优化问题 0-1 变量更有利于 CPLXE 软件的求解。

3.3 等价二阶锥规划模型

定理 3.2 对任意给定的 $y \in \{0,1\}^T$ 及需求 $d \in \mathbf{R}_+^T$，有

$$f_{\mathrm{LS}}(y, d) = \min_{x,z} \sum_{t=1}^{T} d_t \left(\sum_{k=1}^{t} \sum_{\tau=t+1}^{T+1} \theta_{k,t} x_{k,\tau} + \pi_t z_t \right)$$

$$\mathrm{s.t.} \quad \sum_{t=2}^{T+1} x_{1,t} + z_1 = 1$$

$$\sum_{k=1}^{T} x_{k,T+1} + z_T = 1$$

$$\sum_{k=1}^{t-1} x_{k,t} + z_{t-1} = \sum_{\tau=t+1}^{T+1} x_{t,\tau} + z_t, \quad 2 \leqslant t \leqslant T$$

$$x_{k,t}, z_k \in \{0,1\}, \quad 1 \leqslant k < t \leqslant T+1$$

$$x_{k,t} \leqslant y_k, \quad 1 \leqslant k < t \leqslant T+1 \tag{3.6}$$

其中，$\theta_{k,t} = \min\{p_k + h_{k,t-1}, \pi_t\}, 1 \leqslant k \leqslant t \leqslant T$。

进一步，对给定的 $y \in \{0,1\}^T$，存在最优解 (x^*, z^*)，使得对任意 $d \in \mathbf{R}_+^T$，我们有

$$f_{\mathrm{LS}}(y, d) = \sum_{t=1}^{T} d_t \left(\sum_{k=1}^{t} \sum_{\tau=t+1}^{T+1} \theta_{k,t} x_{k,\tau}^* + \pi_t z_t^* \right)$$

证明 利用式 (3.5) 关于下标 t 的可分性，有

$$f_{\mathrm{LS}}(y, d) = \min_{w} \sum_{t=1}^{T} d_t \left\{ \pi_t w_{0,t} + \sum_{k=1}^{t} \theta_{k,t} w_{k,t} \right\}$$

$$\text{s.t.} \quad \sum_{k=0}^{t} w_{k,t} = 1, \quad w_{k,t} \leqslant y_k, \quad 1 \leqslant k \leqslant t \leqslant T$$

$$w_{0,t}, w_{k,t} \in \{0,1\}, \quad 1 \leqslant k \leqslant t \leqslant T \tag{3.7}$$

其中，$\theta_{k,t} = \min\{p_k + h_{k,t-1}, \pi_t\}, 1 \leqslant k \leqslant t \leqslant T$ 存在式 (3.7) 的最优解 w^*，使得如果对某个 $1 \leqslant k \leqslant t \leqslant T$，$w_{k,t}^* = 1$，那么对所有的 $\tau \in \{k, k+1, \cdots, t-1\}$，均有 $w_{k,\tau}^* = 1$。利用 z_t 和 $x_{k,t}$ 的定义，有 $w_{0,t} = z_t$ 和 $w_{k,t} = \sum_{s=t+1}^{T+1} x_{k,s}$，其中 $1 \leqslant k \leqslant t \leqslant T$。因此，可得最短路 (式 (3.6))。

定理中给出的最优解可以通过如下方式得到，即对任意 $1 \leqslant k < t \leqslant T+1$，令 $z_k^* = w_{0,k}^*$ 和 $x_{k,t}^* = w_{k,t-1}^* - w_{k,t}^*$，其中 $w_{k,T+1}^* = 0$。　　　　□

定理 3.3　对任意给定的 $y \in \{0,1\}^T$ 及需求 $d \in \mathbf{R}_+^T$，有

$$f_{\mathrm{B}}(y,d) = \min_{w,z,v} \sum_{t=1}^{T} d_t \left(\sum_{k=1}^{t-1} \alpha_{k,t} \sum_{s=t}^{T} w_{k,s} + p_t z_{t,t} + \sum_{k=t+1}^{T} \beta_{t,k} \sum_{s=1}^{t} v_{s,k} \right)$$

$$\text{s.t.} \quad \sum_{s=1}^{T} v_{1,s} = 1$$

$$\sum_{s=k}^{T} v_{k,s} = \sum_{s=1}^{k-1} w_{s,k-1}, \quad 2 \leqslant k \leqslant T$$

$$\sum_{s=1}^{k} v_{s,k} = z_{k,k}, \quad 1 \leqslant k \leqslant T$$

$$z_{k,k} = \sum_{s=k}^{T} w_{k,s}, \quad 1 \leqslant k \leqslant T$$

$$v_{k,t}, w_{k,t}, z_{k,k} \in \{0,1\}, \quad 1 \leqslant k \leqslant t \leqslant T$$

$$z_{k,k} \leqslant y_k, \quad 1 \leqslant k \leqslant T \tag{3.8}$$

其中，$\alpha_{k,t} = p_k + \sum_{l=k}^{t-1} h_l (1 \leqslant k < t \leqslant T)$；$\beta_{t,k} = p_k + \sum_{l=t}^{k-1} \pi_l \ (1 \leqslant t < k \leqslant T)$。

进一步，对给定的 $y \in \{0,1\}^T$，存在最优解 (w^*, z^*, v^*)，使得对任意 $d \in \mathbf{R}_+^T$ 均有

$$f_{\mathrm{B}}(y,d) = \sum_{t=1}^{T} d_t \left(\sum_{k=1}^{t-1} \alpha_{k,t} \sum_{s=t}^{T} w_{k,s}^* + p_t z_{t,t}^* + \sum_{k=t+1}^{T} \beta_{t,k} \sum_{s=1}^{t} v_{s,k}^* \right)$$

定理 3.2和定理 3.3表明，当第一阶段决策变量 y 给定时，第二阶段费用函数仅取决于需求向量的期望值。为此，在构造概率分布函数集 $\mathcal{D}$ 时，仅需要围绕 $E_F[D]$ 进行估计。本书借鉴文献 [68] 提出的数据驱动的分布鲁棒优化方法，构造如下形式的概率分布函数集，即

$$\mathcal{D} = \left\{ F : (E_F[D] - \mu)^{\mathrm{T}} \Sigma^{-1} (E_F[D] - \mu) \leqslant \epsilon^2 \right\} \tag{3.9}$$

其中，μ 和 Σ 为 D 的估计期望值和协方差矩阵；$\epsilon > 0$ 控制估计精度。

根据需求非负的特点，假定 $\mu > 0$, Σ 为正定矩阵，并且 $\Lambda = \{x \in \mathbf{R}^T : (x - \mu)^{\mathrm{T}} \Sigma^{-1} (x - \mu) \leqslant \epsilon^2\} \subseteq \mathbf{R}_+^T$。

根据 Delage 等[68] 提出的数据驱动方法，ϵ 可以由采样数量 M 决定。具体而言，假定已知 D 的 M 个独立采样 $\{d^i\}_{i=1}^M$，记 $E[D] = \mu_0$、$\mathrm{Cov}(D) = \Sigma_0$，根据 Delage 等的推论，对于任意给定的 $\delta > 0$，如果

$$\mathrm{Prob}\big((D - \mu_0)^{\mathrm{T}} \Sigma_0^{-1} (D - \mu_0) \leqslant R^2\big) = 1$$

那么能够以不低于 $1 - \delta$ 的置信水平保证 $(\mu_0 - \hat{\mu})^{\mathrm{T}} \Sigma_0^{-1} (\mu_0 - \hat{\mu}) \leqslant \epsilon(\delta)$，其中 $\hat{\mu} = \dfrac{1}{M} \sum\limits_{i=1}^M \xi_i$, $\epsilon(\delta) = \dfrac{R^2}{M}(2 + \sqrt{2\ln(1/\delta)})^{2[68]}$。

注意，如果 M 足够大，如 $M = \mathcal{O}(R^2)$，那么 $\epsilon(\delta)$ 可以选为与 T 无关的常数。Delage 等 [68] 进一步讨论了当 R 和 Σ_0 未知时，如何选取 ϵ。ϵ 决定了估计精度，下面通过实验讨论 ϵ 对最优决策的影响。

对于上述选取的概率分布函数集，下面证明 DRM 可以等价转化为具有最短路约束的混合 0-1 二阶锥规划问题。

定理 3.4 当 $\mathcal{D}$ 如式 (3.9) 所示时，DRM 问题等价于如下混合 0-1 二阶锥规划问题，即

$$(\mathrm{P_{LS}}) \quad \min_{r,q,x,z} \ \epsilon r + \mu^{\mathrm{T}} q + \sum_{k=1}^{T} \sum_{t=k+1}^{T+1} c_k x_{k,t}$$

$$\mathrm{s.t.} \quad q_t = \sum_{k=1}^{t} \sum_{\tau=t+1}^{T+1} \theta_{k,t} x_{k,\tau} + \pi_t z_t, \quad 1 \leqslant t \leqslant T$$

$$\| \Sigma^{1/2} q \| \leqslant r, \quad q \in \mathbf{R}^T, \quad (x, z) \in \Delta_{\mathrm{LS}}$$

其中，路径集合 Δ_{LS} 由式 (3.6) 的前四条约束给出。

$$(\mathrm{P_B}) \quad \min_{r,q,w,z,v} \ \epsilon r + \mu^{\mathrm{T}} q + \sum_{k=1}^{T} c_k z_{k,k}$$

$$\text{s.t.}\quad q_t = \sum_{k=1}^{t-1}\alpha_{k,t}\sum_{s=t}^{T}w_{k,s} + p_t z_{t,t} + \sum_{k=t+1}^{T}\beta_{t,k}\sum_{s=1}^{t}v_{s,k}, \quad 1\leqslant t\leqslant T$$

$$\|\,\Sigma^{1/2}q\,\|\leqslant r,\quad q\in\mathbf{R}^T,\quad (w,z,v)\in\Delta_{\mathrm{B}}$$

其中，路径集合 Δ_{B} 由式 (3.8) 的前五个约束给出。

$$(\mathrm{P_{NB}})\quad \min_{r,q,x}\ \epsilon\, r + \mu^{\mathrm{T}}q + \sum_{k=1}^{T}\sum_{t=k+1}^{T+1}c_k x_{k,t}$$

$$\text{s.t.}\quad q_t = \sum_{k=1}^{t}\sum_{\tau=t+1}^{T+1}\theta_{k,t}x_{k,\tau}, \quad 1\leqslant t\leqslant T$$

$$\|\,\Sigma^{1/2}q\,\|\leqslant r,\quad q\in\mathbf{R}^T,\quad x\in\Delta_{\mathrm{NB}}$$

其中

$$\Delta_{\mathrm{NB}} = \left\{ (x_{k,t}\in\{0,1\}:1\leqslant k<t\leqslant T+1):\sum_{t=2}^{T+1}x_{1,t}=\sum_{k=1}^{T}x_{k,T+1}=1, \right.$$
$$\left. \sum_{k=1}^{t-1}x_{k,t}=\sum_{\tau=t+1}^{T+1}x_{t,\tau},2\leqslant t\leqslant T \right\}$$

证明　首先考虑销售损失情况下的 DRM 问题。对给定的 $y\in\{0,1\}^T$，令 (x^*,z^*) 为式 (3.6) 的最优解，而且其与随机需求的实现值 d 无关。令 $\Omega_{\mathrm{LS}}(y) = \Delta_{\mathrm{LS}}\cap\{(x,z):x_{k,t}\leqslant y_k,\forall 1\leqslant k<t\leqslant T+1\}$，对任意 $1\leqslant t\leqslant T$，令 $q_t = \sum_{k=1}^{t}\sum_{\tau=t+1}^{T+1}\theta_{k,t}x_{k,\tau}+\pi_t z_t$ 和 $q_t^* = \sum_{k=1}^{t}\sum_{\tau=t+1}^{T+1}\theta_{k,t}x_{k,\tau}^*+\pi_t z_t^*$。

利用定理 3.2，因为 (x^*,z^*) 也是 $d=E_F[D]\in\mathbf{R}_+^T$ 时，式 (3.6) 的最优解，所以 $E_F[f_{\mathrm{LS}}(y,D)]=(q^*)^{\mathrm{T}}E_F[D]=\min_{(x,z)\in\Omega_{\mathrm{LS}}(y)}q^{\mathrm{T}}E_F[D]$。因此，有

$$\sup_{F\in\mathcal{D}}E_F[f_{\mathrm{LS}}(y,D)] = \sup_{F\in\mathcal{D}}\min_{(x,z)\in\Omega_{\mathrm{LS}}(y)}q^{\mathrm{T}}E_F[D] = \max_{E[D]\in\Lambda}\min_{(x,z)\in\Omega_{\mathrm{LS}}(y)}q^{\mathrm{T}}E_F[D]$$

$$(3.10)$$

接下来，交换式 (3.10) 中的 min-max 运算，注意 $\Omega_{\mathrm{LS}}(y)$ 是一个离散的非凸集合。虽然文献 [100] 给出了 min-max 问题和 max-min 问题等价的充分必要条件，但是检验条件较为复杂。因此，利用存在与 d 无关的最优解 (x^*,z^*) 来证明两者的等价性。实际上，因为 $\min\limits_{(x,z)\in\Omega_{\mathrm{LS}}(y)}q^{\mathrm{T}}E_F[D]=(q^*)^{\mathrm{T}}E_F[D]$，我们在方程两边取 $E[D]\in\Lambda$ 上的最大运算，有

$$\max_{E[D]\in\Lambda}\min_{(x,z)\in\Omega_{\mathrm{LS}}(y)}q^{\mathrm{T}}E_F[D] = \max_{E[D]\in\Lambda}(q^*)^{\mathrm{T}}E_F[D]$$

$$(3.11)$$

因为 $(x^*, z^*) \in \Omega_{\mathrm{LS}}(y)$, 有

$$\max_{E[D] \in \Lambda} (q^*)^{\mathrm{T}} E_F[D] \geqslant \min_{(x,z) \in \Omega_{\mathrm{LS}}(y)} \max_{E[D] \in \Lambda} q^{\mathrm{T}} E_F[D] \tag{3.12}$$

利用式 (3.11) 和式 (3.12), 有

$$\max_{E[D] \in \Lambda} \min_{(x,z) \in \Omega_{\mathrm{LS}}(y)} q^{\mathrm{T}} E_F[D] \geqslant \min_{(x,z) \in \Omega_{\mathrm{LS}}(y)} \max_{E[D] \in \Lambda} q^{\mathrm{T}} E_F[D] \tag{3.13}$$

相反方向的不等式关系, 可以利用 min-max 弱对偶定理得到.

因为 $\max_{x \in \Lambda} q^{\mathrm{T}} x = \epsilon \sqrt{q^{\mathrm{T}} \Sigma q} + \mu^{\mathrm{T}} q$, 所以考虑销售损失情况下的 DRM 问题可以等价转化为

$$\min_{r,q,x,z,y} \epsilon \sqrt{q^{\mathrm{T}} \Sigma q} + \mu^{\mathrm{T}} q + \sum_{k=1}^{T} c_k y_k$$

$$\text{s.t.} \quad q_t = \sum_{k=1}^{t} \sum_{\tau=t+1}^{T+1} \theta_{k,t} x_{k,\tau} + \pi_t z_t, \quad 1 \leqslant t \leqslant T$$

$$x_{k,t} \leqslant y_k, \quad 1 \leqslant k < t \leqslant T+1$$

$$q \in \mathbf{R}^T, \quad (x,z) \in \Delta_{\mathrm{LS}}, \quad y \in \{0,1\}^T \tag{3.14}$$

最后, 证明式 (3.14) 存在最优解, 使得对任意 $1 \leqslant k \leqslant T$, 均有 $y_k = \sum_{t=k+1}^{T+1} x_{k,t}$。实际上, 容易证明对式 (3.14) 的任意可行解 (r, q, x, z, y), 由于流平衡约束, 有 $\sum_{t=k+1}^{T+1} x_{k,t} \in \{0,1\}$。如果 $\sum_{t=k+1}^{T+1} x_{k,t} = 0$, 那么最优解中 $y_k = 0$; 否则, 必有 $y_k = 1$。将式 (3.14) 中的 y_k 替换为 $\sum_{t=k+1}^{T+1} x_{k,t}$, 便可以得到 $(\mathrm{P}_{\mathrm{LS}})$。

利用类似的分析方法, 可以分别给出允许延迟交付和不允许缺货情况下, DRM 的等价问题 $(\mathrm{P}_{\mathrm{B}})$ 和 $(\mathrm{P}_{\mathrm{NB}})$。 □

定理 3.4 给出的等价混合 0-1 二阶锥规划形式定量描述了随机需求的均值和协方差矩阵信息如何影响最优决策。该等价形式具有均值-风险的特殊结构, 而且风险项是基于标准差刻画的。刻画概率分布函数集大小的参数 ϵ 起到对风险项进行加权的作用。

一般的混合 0-1 二阶锥规划问题可以采用基于二次松弛的分支定界算法进行求解。Atamturk 等 [101] 对类似的问题提出若干有效不等式来加速求解速度。然而, 我们通过探索 DRM 问题的特殊结构——网络流约束和特殊的需求协方差

矩阵, 设计了更有效的精确求解算法。具体而言, 我们提出一种基于 Parametric Search 的精确算法, 求解不同周期内随机需求不相关和部分相关的问题。首先, 考虑协方差矩阵为对角阵的情况, 即 $\Sigma = \mathrm{Diag}(\sigma_{1,1}, \sigma_{2,2}, \cdots, \sigma_{T,T})$。然后, 考虑协方差矩阵为三对角或者五对角阵的情况, 即对任意的 $|i-j| \geqslant 2$, $\Sigma_{i,j} = 0$ 和任意 $|i-j| \geqslant 3$, $\Sigma_{i,j} = 0$。

3.4　参数搜索方法

本节提出一种参数搜索方法求解等价的混合 0-1 二阶锥规划问题。参数搜索方法的基本思想是, 通过求解一系列的参数化线性优化问题得到非线性优化问题的最优解。为此, 需要首先证明存在一个特殊的参数化子问题, 使得其任意最优解均为原问题的最优解。进而, 只需要设计有效的策略来寻找这个特殊的参数化子问题。

参数搜索方法的思想已经被成功应用于求解很多非线性优化问题。例如, Shem 等 [102,103] 将这种方法应用于求解库存——交通网络设计问题和策略性选址问题。现有参数搜索方法只能处理对应的线性优化问题不包含约束的情况。然而, 当 Σ 为对角阵时, 对应的参数化子问题为包含网络流平衡约束的参数化最短路问题。已有学者证明此类问题对应的最优解个数可能是超多项式的; 当 Σ 为一般正定矩阵时, 对给定的参数值, 子问题为 NP-hard 的二次最短路问题。因此, 本书的主要贡献在于设计有效的参数搜索方法, 只需要求解很少数目的参数化子问题即可得到最优解。同时, 对特殊的 Σ 情况, 给出求解特殊二次最短路问题的设计多项式时间求解算法。

3.4.1　参数搜索的基本思想

首先通过投影运算, 将 $(\mathrm{P_{LS}})$ 转化为一个特殊的非线性优化问题。类似的分析同样适用于 $(\mathrm{P_B})$ 和 $(\mathrm{P_{NB}})$。

对任意的 $(x,z) \in \Delta_{\mathrm{LS}}$, 令 $a_{x,z} = \epsilon^2 q^{\mathrm{T}} \Sigma q$ 和 $b_{x,z} = \mu^{\mathrm{T}} q + \sum_{k=1}^{T} \sum_{t=k+1}^{T+1} c_k x_{k,t}$, 其中 $q_t = \sum_{k=1}^{t} \sum_{\tau=t+1}^{T+1} \theta_{k,t} x_{k,\tau} + \pi_t z_t$ $(t = 1, 2, \cdots, T)$。定义离散集合 $H = \{(a_{x,z}, b_{x,z}) : (x,z) \in \Delta_{\mathrm{LS}}\}$ 及两变量凹函数 $h(a,b) = \sqrt{a} + b$, 因此 $(\mathrm{P_{LS}})$ 可以等价为

$$\min_{(x,z) \in \Delta_{\mathrm{LS}}} h(a_{x,z}, b_{x,z}) = \min_{(a,b) \in H} h(a,b) = \min_{(a,b) \in \mathrm{conv}(H)} h(a,b)$$

其中, 最后一个等式利用 h 的凹性。

为求解该问题，我们只需要枚举 $\mathrm{conv}(H)$ 的极点。$\mathrm{conv}(H)$ 的极点可以通过求解如下参数化子问题得到，即

$$(\mathrm{P}_{\lambda,\gamma}) \quad \min_{(a,b)\in\mathrm{conv}(H)} \lambda a + \gamma b = \min_{(x,z)\in\Delta_{\mathrm{LS}}} \lambda a_{x,z} + \gamma b_{x,z}, \quad (\lambda,\gamma)\in\mathbf{R}^2$$

因此，为了求解 $(\mathrm{P}_{\mathrm{LS}})$，我们只需要寻找一组特定的参数 (λ^*,γ^*)。事实上，如果我们已知 $(\mathrm{P}_{\mathrm{LS}})$ 的一个最优解 (x^*,z^*)，那么这组参数可以选定为 $(\lambda^*,\gamma^*) = (\nabla h(a_{x^*,z^*}, b_{x^*,z^*}))^{\mathrm{T}} = \left(\dfrac{1}{2\sqrt{a_{x^*,z^*}}}, 1\right)$。文献 [102]、[103] 提出的算法正是利用了该性质。我们对其进行严格表述。

引理 3.3 记 $x^* \in \arg\min\{f(x) : x \in X \subseteq \mathbf{R}^n\}$。若 $f : \mathbf{R}^n \to \mathbf{R}$ 为凹函数，则 $x^* \in \arg\min_{x\in X}\{\nabla f(x^*)^{\mathrm{T}}x\}$；若 $f(x)$ 为严格凹函数，则 $\{x^*\} = \arg\min_{x\in X}\{\nabla f(x^*)^{\mathrm{T}}x\}$。

证明 定义仿射函数 $g(x) = f(x^*) + \nabla f(x^*)^{\mathrm{T}}(x - x^*)$。利用 f 的凹性，对任意 $x \in X$，我们有 $g(x) \geqslant f(x) \geqslant f(x^*) = g(x^*)$，因此 $x^* \in \arg\min_{x\in X} g(x) = \arg\min_{x\in X}\{\nabla f(x^*)^{\mathrm{T}}x\}$。如果 f 严格凹，那么对任意 $x \in X$ 和 $x \neq x^*$，我们有 $g(x) > f(x) \geqslant f(x^*) = g(x^*)$。 $\square$

利用引理 3.3，我们只需要考虑对应于 $\lambda > 0$ 的 $\mathrm{conv}(H)$ 的极点，即

$$(\mathrm{P}_{\lambda}) \quad \min_{(a,b)\in\mathrm{conv}(H)} \lambda a + b = \min_{(x,z)\in\Delta_{\mathrm{LS}}} \lambda a_{x,z} + b_{x,z}$$

如果 $\mathrm{conv}(H)$ 的极点数目是关于 T 的多项式函数，那么只需要枚举 $\mathrm{conv}(H)$ 的所有极点即可求解原问题。当协方差矩阵为对角阵时，(P_{λ}) 为参数化的最短路问题。Carstensen[104]、Mulmuley 等 [105] 已经证明对应的参数化子问题的极点数目为 $T^{\Theta(\log T)}$。因此，基于极点枚举的方法很可能是非常低效的。

为克服枚举方法的不足，考虑如下问题，即

$$\min_{\lambda>0} \min_{(a_\lambda,b_\lambda)\in\Phi_\lambda} h(a_\lambda, b_\lambda)$$

其中，Φ_λ 为问题 (P_{λ}) 的最优解集合。

因为 $\sqrt{x}$ 在 $(0,+\infty)$ 上严格凹，易知存在 λ^*，使得 $(a_{\lambda^*}, b_{\lambda^*})$ 成为 (P_{λ^*}) 的唯一最优解，即 $\Phi_{\lambda^*} = \{(a_{\lambda^*}, b_{\lambda^*})\}$。因此，在不引起符号混淆的情况下，考虑如下问题，即

$$(\mathrm{POP}) \quad \min_{\lambda>0} h(a_\lambda, b_\lambda)$$

其中，(a_λ, b_λ) 为 (P_{λ}) 的任一最优解。

下面利用凹性设计基于一维分支定界的区间搜索方法来避免极点枚举。

3.4.2　区间参数搜索方法

我们基于分支定界的思想设计参数搜索方法。具体而言,对任意区间 $[\lambda_1, \lambda_2]$,其中 $0 < \lambda_1 < \lambda_2$,计算 $h(a_\lambda, b_\lambda)$ 在该区间的下界,并进一步将其分割为两个子区间 $[\lambda_1, \lambda_3]$ 和 $[\lambda_3, \lambda_2]$。下面的引理 3.4 给出如何计算下界及分割点 λ_3 的方法。

引理 3.4　对任意 $0 < \lambda_1 < \lambda_2$,有

(1) $a_{\lambda_1} \geqslant a_{\lambda_2}$, $b_{\lambda_1} \leqslant b_{\lambda_2}$。如果 $a_{\lambda_1} = a_{\lambda_2}$,则 $b_{\lambda_1} = b_{\lambda_2}$,反之亦然。

(2) 如果 $a_{\lambda_1} \neq a_{\lambda_2}$,令 $\lambda_3 = \dfrac{b_{\lambda_2} - b_{\lambda_1}}{a_{\lambda_1} - a_{\lambda_2}}$,则 $\lambda_1 \leqslant \lambda_3 \leqslant \lambda_2$。如果存在 $\mathrm{conv}(H)$ 的极点 $(a_{\lambda'}, b_{\lambda'})$ 位于 $(a_{\lambda_1}, b_{\lambda_1})$ 和 $(a_{\lambda_2}, b_{\lambda_2})$ 之间,并且 $\lambda_1 < \lambda' < \lambda_2$,那么 $(a_{\lambda_1}, b_{\lambda_1})$ 和 $(a_{\lambda_2}, b_{\lambda_2})$ 都不可能是 (P_{λ_3}) 的最优解。

(3) $\min\limits_{\lambda_1 \leqslant \lambda \leqslant \lambda_2} h(a_\lambda, b_\lambda) \geqslant \min\limits_{i=0,1,2} h(a_{\lambda_i}, b_{\lambda_i})$,其中 $a_{\lambda_0} = \dfrac{\lambda_2 a_{\lambda_2} + b_{\lambda_2} - \lambda_1 a_{\lambda_1} - b_{\lambda_1}}{\lambda_2 - \lambda_1}$
和 $b_{\lambda_0} = \dfrac{\lambda_1 \lambda_2 (a_{\lambda_1} - a_{\lambda_2}) + \lambda_2 b_{\lambda_1} - \lambda_1 b_{\lambda_2}}{\lambda_2 - \lambda_1}$。

证明　(1) 利用 (a_λ, b_λ) 的定义,有 $\lambda_1 a_{\lambda_2} + b_{\lambda_2} \geqslant \lambda_1 a_{\lambda_1} + b_{\lambda_1}$ 和 $\lambda_2 a_{\lambda_1} + b_{\lambda_1} \geqslant \lambda_2 a_{\lambda_2} + b_{\lambda_2}$。因此,$\lambda_1(a_{\lambda_2} - a_{\lambda_1}) \geqslant b_{\lambda_1} - b_{\lambda_2} \geqslant \lambda_2(a_{\lambda_2} - a_{\lambda_1})$。

(2) 如果 $a_{\lambda_1} \neq a_{\lambda_2}$,利用 $a_{\lambda_1} - a_{\lambda_2} > 0$,有 $\lambda_1 \leqslant \dfrac{b_{\lambda_2} - b_{\lambda_1}}{a_{\lambda_1} - a_{\lambda_2}} \leqslant \lambda_2$。因为 $(a_{\lambda'}, b_{\lambda'})$ 为 $\mathrm{conv}(H)$ 位于 $(a_{\lambda_1}, b_{\lambda_1})$ 和 $(a_{\lambda_2}, b_{\lambda_2})$ 之间的极点,其位于线段 $A_1 A_2 = \{(x, y) : \lambda_3 x + y = \lambda_3 a_{\lambda_1} + b_{\lambda_1}\}$ 的下方。因此,$\lambda_3 a_{\lambda'} + b_{\lambda'} < \lambda_3 a_{\lambda_1} + b_{\lambda_1} = \lambda_3 a_{\lambda_2} + b_{\lambda_2}$,表明 $(a_{\lambda_1}, b_{\lambda_1})$ 和 $(a_{\lambda_2}, b_{\lambda_2})$ 均不可能是 (P_{λ_3}) 的最优解。

(3) 对任意 $\lambda_1 \leqslant \lambda \leqslant \lambda_2$,可知 (a_λ, b_λ) 位于 $\mathrm{conv}(H)$ 的边界。因此,$h(a_\lambda, b_\lambda)$ 在区间 $[\lambda_1, \lambda_2]$ 上的最小值位于 $\mathrm{conv}(H)$ 在 $(a_{\lambda_1}, b_{\lambda_1})$ 和 $(a_{\lambda_2}, b_{\lambda_2})$ 之间的边界(图 3.2)。注意,对任意 $(x, y) \in \mathrm{conv}(H)$,有 $\lambda_1 x + y \geqslant \lambda_1 a_{\lambda_1} + b_{\lambda_1}$ 和 $\lambda_2 x + y \geqslant \lambda_2 a_{\lambda_2} + b_{\lambda_2}$。因此,$h(a_\lambda, b_\lambda)$ 在区间 $[\lambda_1, \lambda_2]$ 的下界可以由 $h(x, y)$ 在三角形 $A_0 A_1 A_2$ 的最小值给出,其中 $A_i = (a_{\lambda_i}, b_{\lambda_i})$, $i = 0, 1, 2$,并且有

$$(a_{\lambda_0}, b_{\lambda_0}) = \left(\frac{\lambda_2 a_{\lambda_2} + b_{\lambda_2} - \lambda_1 a_{\lambda_1} - b_{\lambda_1}}{\lambda_2 - \lambda_1}, \frac{\lambda_1 \lambda_2 (a_{\lambda_1} - a_{\lambda_2}) + \lambda_2 b_{\lambda_1} - \lambda_1 b_{\lambda_2}}{\lambda_2 - \lambda_1} \right)$$

为直线 $\lambda_1 x + y = \lambda_1 a_{\lambda_1} + b_{\lambda_1}$ 和 $\lambda_2 x + y = \lambda_2 a_{\lambda_2} + b_{\lambda_2}$ 的交点。利用 h 的凹性,有 (3)。　　　　□

为提高搜索效率,进一步将 $(0, +\infty)$ 缩短为有限长度的区间。因为 $0 < \lambda^* \leqslant \infty$,有 $a_0 \leqslant a_{\lambda^*} \leqslant a_\infty$,其中 (a_0, b_0) 和 (a_∞, b_∞) 分别为 (P_0) 和 (P_∞) 的最优解。利用引理 3.3,只需要搜索区间 $[\lambda_{\min}, \lambda_{\max}]$,其中 $\lambda_{\min} = \dfrac{1}{2\sqrt{a_\infty}}$,$\lambda_{\max} = \dfrac{1}{2\sqrt{a_0}}$。算法 1 给出了区间参数搜索算法。

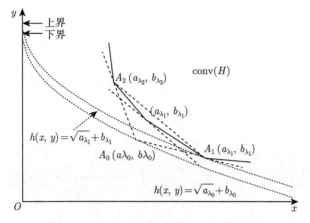

图 3.2 $h(a_\lambda, b_\lambda)$ 在区间 $[\lambda_1, \lambda_2]$ 的下界

假定 $(a_{\lambda_{\min}}, b_{\lambda_{\min}})$ 和 $(a_{\lambda_{\max}}, b_{\lambda_{\max}})$ 之间有 N 个极点。引理 3.4 表明，在最差情况下，只需要求解 $2N - 1$ 个子问题就可以找到 λ^*，因此有如下结论。

定理 3.5 若对任意 $\lambda \geqslant 0$，(P_λ) 均可在有限时间内求解，那么区间参数搜索方法可以在有限步内求解原问题。

3.4.3 需求不相关条件下子问题的求解

本节证明在需求不相关下情况下，对任意 $\lambda > 0$，参数化子问题可以等价转化为具有 $\mathcal{O}(T)$ 个节点的最短路问题。具体而言，$(\mathrm{P}_{\mathrm{LS}})$、$(\mathrm{P}_{\mathrm{B}})$ 和 $(\mathrm{P}_{\mathrm{NB}})$ 对应的参数子问题分别具有 $T + 1$、$3T$ 和 $T + 1$ 个节点。因此，这些子问题均可以在 $\mathcal{O}(T^2)$ 时间内求解。

定理 3.6 当 $\Sigma = \mathrm{Diag}(\sigma_{1,1}, \sigma_{2,2}, \cdots, \sigma_{T,T})$，$(\mathrm{P}_{\mathrm{LS}})$、$(\mathrm{P}_{\mathrm{B}})$ 和 $(\mathrm{P}_{\mathrm{NB}})$ 对应的参数子问题分别等价于如下的最短路问题，即

$$(\mathrm{P}_{\mathrm{LS},\lambda}) \quad \min\left\{\sum_{k=1}^{T}\sum_{t=k+1}^{T+1}\kappa_{k,t}^1(\lambda)x_{k,t} + \sum_{t=1}^{T}\kappa_t^2(\lambda)z_t : (x, z) \in \Delta_{\mathrm{LS}}\right\}$$

其中，$\kappa_{k,t}^1(\lambda) = c_k + \sum_{\tau=k}^{t-1}\mu_\tau\theta_{k,\tau} + \lambda\epsilon^2\sum_{\tau=k}^{t-1}\sigma_{\tau,\tau}\theta_{k,\tau}^2$ 和 $\kappa_t^2(\lambda) = \mu_t\pi_t + \lambda\epsilon^2\sigma_{t,t}\pi_t^2$。

$(\mathrm{P}_{\mathrm{B},\lambda})$

$$\min\left\{\sum_{k=1}^{T-1}\sum_{t=k+1}^{T}\kappa_{k,t}^3(\lambda)w_{k,t} + \sum_{t=1}^{T}\kappa_t^4(\lambda)z_{t,t} + \sum_{k=1}^{T}\sum_{t=1}^{k-1}\kappa_{k,t}^5(\lambda)v_{t,k} : (w, z, v) \in \Delta_{\mathrm{B}}\right\}$$

其中，$\kappa_{k,t}^3(\lambda) = \sum_{s=k+1}^{t}\left(\mu_s\alpha_{k,s} + \lambda\epsilon^2\sigma_{s,s}\alpha_{k,s}^2\right)$；$\kappa_t^4(\lambda) = c_t + \mu_t p_t + \lambda\epsilon^2\sigma_{t,t}p_t^2$；$\kappa_{k,t}^5(\lambda) =$

$$\sum_{s=t}^{k-1} \left(\mu_s \beta_{s,k} + \lambda \epsilon^2 \sigma_{s,s} \beta_{s,k}^2 \right)\text{。}$$

$$(\mathrm{P_{NB,\lambda}}) \quad \min \left\{ \sum_{k=1}^{T} \sum_{t=k+1}^{T+1} \kappa_{k,t}^1(\lambda) x_{k,t} : \ x \in \Delta_{\mathrm{NB}} \right\}$$

证明　首先分析 $(\mathrm{P_{LS}})$ 对应的参数子问题。对任意 $1 \leqslant t \leqslant T$，有

$$q_t^2 = \left(\sum_{k=1}^{t} \sum_{\tau=t+1}^{T+1} \theta_{k,t} x_{k,\tau} + \pi_t z_t \right) \left(\sum_{l=1}^{t} \sum_{s=t+1}^{T+1} \theta_{l,t} x_{l,s} + \pi_t z_t \right)$$

$$= \sum_{k=1}^{t} \sum_{\tau=t+1}^{T+1} \theta_{k,t}^2 x_{k,\tau} + \pi_t^2 z_t$$

其中，我们利用了对任意 $1 \leqslant k, l \leqslant t$ 和 $t+1 \leqslant \tau, s \leqslant T+1$，当 $k \neq l$ 或者 $\tau \neq s$ 时，$z_t x_{k,\tau} = 0$，$x_{k,\tau} x_{l,s} = 0$ 。

因此，我们有

$$q^{\mathrm{T}} \Sigma q = \sum_{t=1}^{T} \sigma_{t,t} q_t^2 = \sum_{k=1}^{T} \sum_{t=k+1}^{T+1} \sum_{\tau=k}^{t-1} \sigma_{\tau,\tau} \theta_{k,\tau}^2 x_{k,t} + \sum_{t=1}^{T} \sigma_{t,t} \pi_t^2 z_t$$

进一步，$(\mathrm{P_{LS}})$ 对应的参数子问题可以简化为

$$\lambda \epsilon^2 q^{\mathrm{T}} \Sigma q + \mu^{\mathrm{T}} q + \sum_{k=1}^{T} \sum_{t=k+1}^{T+1} c_k x_{k,t} = \sum_{k=1}^{T} \sum_{t=k+1}^{T+1} \kappa_{k,t}^1(\lambda) x_{k,t} + \sum_{t=1}^{T} \kappa_t^2(\lambda) z_t$$

其中，$\kappa_{k,t}^1(\lambda) = c_k + \sum_{\tau=k}^{t-1} \mu_\tau \theta_{k,\tau} + \lambda \epsilon^2 \sum_{\tau=k}^{t-1} \sigma_{\tau,\tau} \theta_{k,\tau}^2$；$\kappa_t^2(\lambda) = \mu_t \pi_t + \lambda \epsilon^2 \sigma_{t,t} \pi_t^2$ 。

类似地，对于 $(\mathrm{P_B})$ 对应的参数子问题，有

$$q^{\mathrm{T}} \Sigma q = \sum_{t=1}^{T} \sigma_{t,t} q_t^2 = \sum_{k=1}^{T-1} \sum_{t=k+1}^{T} \sum_{s=k+1}^{t} \sigma_{s,s} \alpha_{k,s}^2 w_{k,t} + \sum_{t=1}^{T} \sigma_{t,t} p_t^2 z_{t,t}$$

$$+ \sum_{k=1}^{T} \sum_{t=1}^{k-1} \sum_{s=t}^{k-1} \sigma_{s,s} \beta_{s,k}^2 v_{t,k}$$

因此，$(\mathrm{P_B})$ 和 $(\mathrm{P_{NB}})$ 对应的参数子问题可以通过类似的化简得到。　　　□

定理 3.6 表明，对任意 $\lambda > 0$，$(\mathrm{P_{LS,\lambda}})$、$(\mathrm{P_{B,\lambda}})$ 和 $(\mathrm{P_{NB,\lambda}})$ 对应的参数化子问题均为无环图上的最短路问题，其费用函数为关于 λ 的仿射函数。Carstensen[104]，

Mulmuley 等 [105] 已经证明对于此类参数化问题，当参数在 **R** 上变化时，可能有 $n^{\Theta(\log n)}$ 个最优路径。

算法 1　区间参数搜索算法

步骤 1，初始化。令 $I = \{[\lambda_{\min}, \lambda_{\max}]\}$，求解 $(P_{\lambda_{\min}})$ 和 $(P_{\lambda_{\max}})$ 得到 $(a_{\lambda_{\min}}, b_{\lambda_{\min}})$ 和 $(a_{\lambda_{\max}}, b_{\lambda_{\max}})$。令当前最好解为 $\bar{\lambda} = \arg\min\{h(a_\lambda, b_\lambda) : \lambda = \lambda_{\min} \text{ or } \lambda_{\max}\}$，上界为 $\bar{h} = h(a_{\bar{\lambda}}, b_{\bar{\lambda}})$。

步骤 2，终止条件。如果 $I = \varnothing$，那么算法终止，返回 $\bar{\lambda}$。

步骤 3，区间选择。从 I 中选择 $[\lambda_1, \lambda_2]$，并将其从 I 中删除。

步骤 4，剪枝。如果 $a_{\lambda_1} = a_{\lambda_2}$，则跳到步骤 2。令 $\lambda_3 = \dfrac{b_{\lambda_2} - b_{\lambda_1}}{a_{\lambda_1} - a_{\lambda_2}}$，如果 $\lambda_3 = \lambda_1$ 或 λ_2 或 $h(a_{\lambda_0}, b_{\lambda_0}) \geqslant \bar{h}$，则跳到步骤 2，其中 $a_{\lambda_0} = \dfrac{\lambda_2 a_{\lambda_2} + b_{\lambda_2} - \lambda_1 a_{\lambda_1} - b_{\lambda_1}}{\lambda_2 - \lambda_1}$ 和 $b_{\lambda_0} = \dfrac{\lambda_1 \lambda_2 (a_{\lambda_1} - a_{\lambda_2}) + \lambda_2 b_{\lambda_1} - \lambda_1 b_{\lambda_2}}{\lambda_2 - \lambda_1}$。

步骤 5，分枝。求解 (P_{λ_3}) 得到 $(a_{\lambda_3}, b_{\lambda_3})$。如果 $(a_{\lambda_i}, b_{\lambda_i})$，$i = 1, 2, 3$ 共线，则跳到步骤 2。如果 $h(a_{\lambda_3}, b_{\lambda_3}) < \bar{h}$，则更新 $\bar{h} = h(a_{\lambda_3}, b_{\lambda_3})$，$\bar{\lambda} = \lambda_3$ 及 $I = I \cup \{[\lambda_1, \lambda_3], [\lambda_3, \lambda_2]\}$，然后跳到步骤 2。

3.4.4　需求部分相关条件下子问题的求解

当 Σ 为一般半正定矩阵时，对应的参数子问题为二次最短路问题。Rostami 等 [106] 已经证明该问题为强 NP-hard。因此，本节重点研究两类特殊情况下对应参数子问题的多项式时间算法，即 Σ 为三对角或者五对角矩阵时的情况。

Rostami 等 [106] 针对三对角矩阵的二次最短路问题，提出一种 $\mathcal{O}(T^3)$ 时间的算法。该方法的基本思想是针对每一对相邻的边引入一个新的节点，将原问题转化为新的扩展图上的线性最短路问题。利用引理 3.5和引理 3.6，只需要针对每一个节点引入一个新的节点，从而在一个更小的扩展图上构造等价的线性最短路问题。因此，针对具有三对角矩阵的 (P_{LS}) 问题设计 $\mathcal{O}(T^2)$ 的算法，针对五对角矩阵的 (P_{NB}) 问题设计 $\mathcal{O}(T^2)$ 的算法。

引理 3.5　当 Σ 为三对角矩阵时，(P_{LS}) 对应的参数子问题等价于如下二次最短路问题，即

$$\min\left\{\sum_{k=1}^{T} \kappa_k^6(\lambda) z_k + \sum_{k=1}^{T}\sum_{t=k+1}^{T+1} \kappa_{k,t}^7(\lambda) x_{k,t} + \sum_{k=1}^{T-1} \lambda e_k z_k z_{k+1} \right.$$
$$\left. + \sum_{k=1}^{T-1}\sum_{t=k+1}^{T} \lambda \nu_{k,t} x_{k,t} z_t : (x, z) \in \Delta_{LS}\right\}$$

其中，$\kappa_k^6(\lambda) = \mu_k \pi_k + \lambda u_k, 1 \leqslant k \leqslant T$; $\kappa_{k,t}^7(\lambda) = c_k + \sum_{\tau=k}^{t-1} \mu_\tau \theta_{k,\tau} + \lambda b_{k,t}, 1 \leqslant k <$

$t \leqslant T + 1$; b, u, e, ν 的定义见证明过程。

证明　首先，简化交叉项，即

$$q_t q_{t+1} = \left(\sum_{k=1}^{t} \sum_{\tau=t+1}^{T+1} \theta_{k,t} x_{k,\tau} + \pi_t z_t \right) \left(\sum_{l=1}^{t+1} \sum_{s=t+2}^{T+1} \theta_{l,t+1} x_{l,s} + \pi_{t+1} z_{t+1} \right)$$

对任意 $1 \leqslant t \leqslant T - 1$，有

$$\left(\sum_{k=1}^{t} \sum_{\tau=t+1}^{T+1} \theta_{k,t} x_{k,\tau} \right) \left(\sum_{l=1}^{t+1} \sum_{s=t+2}^{T+1} \theta_{l,t+1} x_{l,s} \right)$$

$$= \sum_{k=1}^{t} \theta_{k,t} \theta_{t+1,t+1} x_{k,t+1} \sum_{\tau=t+2}^{T+1} x_{t+1,\tau} + \sum_{k=1}^{t} \sum_{\tau=t+2}^{T+1} \theta_{k,t} \theta_{k,t+1} x_{k,\tau} \tag{3.15}$$

$$= \theta_{t+1,t+1} \sum_{k=1}^{t} \theta_{k,t} x_{k,t+1} - \theta_{t+1,t+1} z_{t+1} \sum_{k=1}^{t} \theta_{k,t} x_{k,t+1} + \sum_{k=1}^{t} \sum_{\tau=t+2}^{T+1} \theta_{k,t} \theta_{k,t+1} x_{k,\tau}$$

$$\tag{3.16}$$

式 (3.15) 利用了对任意 $1 \leqslant l \leqslant t$ 和 $t + 2 \leqslant s \leqslant T + 1$，$x_{k,t+1} x_{l,s} = 0$；对任意 $1 \leqslant k \leqslant t$、$1 \leqslant l \leqslant t + 1$ 和 $t + 2 \leqslant \tau, s \leqslant T + 1$，当 $k \neq l$ 或 $\tau \neq s$ 时，$x_{k,\tau} x_{l,s} = 0$。式 (3.16) 利用 $x_{k,t+1} \sum_{\tau=t+2}^{T+1} x_{t+1,\tau} = x_{k,t+1} (1 - z_{t+1})$。

类似地，有

$$\pi_t z_t \left(\sum_{l=1}^{t+1} \sum_{s=t+2}^{T+1} \theta_{l,t+1} x_{l,s} \right) = \theta_{t+1,t+1} \pi_t z_t \sum_{\tau=t+2}^{T+1} x_{t+1,\tau}$$

$$= \theta_{t+1,t+1} \pi_t z_t - \theta_{t+1,t+1} \pi_t z_t z_{t+1}$$

并且

$$\left(\sum_{k=1}^{t} \sum_{\tau=t+1}^{T+1} \theta_{k,t} x_{k,\tau} \right) \pi_{t+1} z_{t+1} = \pi_{t+1} z_{t+1} \sum_{k=1}^{t} \theta_{k,t} x_{k,t+1}$$

因此，有

$$\sum_{t=1}^{T-1} \sigma_{t,t+1} q_t q_{t+1} = \sum_{k=1}^{T-1} \sum_{t=k+1}^{T} \sigma_{t-1,t} \theta_{t,t} \theta_{k,t-1} x_{k,t}$$

$$+ \sum_{k=1}^{T-1} \sum_{t=k+2}^{T+1} \sum_{s=k}^{t-2} \sigma_{s,s+1} \theta_{k,s} \theta_{k,s+1} x_{k,t} \pi_t z_t$$

$$+ \sum_{t=1}^{T-1} \sigma_{t,t+1}\theta_{t+1,t+1} + \sum_{t=1}^{T-1} \sigma_{t,t+1}\pi_t(\pi_{t+1} - \theta_{t+1,t+1})z_t z_{t+1}$$

$$+ \sum_{k=1}^{T-1}\sum_{t=k}^{T-1} \sigma_{t,t+1}\theta_{k,t}(\pi_{t+1} - \theta_{t+1,t+1})x_{k,t+1}z_{t+1}$$

引入辅助参数 b、u、e 和 ν, 有

$$\epsilon^2 q^{\mathrm{T}}\Sigma q = \epsilon^2 \sum_{t=1}^{T} \sigma_{tt}q_t q_t + 2\epsilon^2 \sum_{t=1}^{T-1} \sigma_{t,t+1}q_t q_{t+1}$$

$$= \sum_{k=1}^{T}\sum_{t=k+1}^{T+1} b_{k,t}x_{k,t} + \sum_{k=1}^{T} u_k z_k + \sum_{k=1}^{T-1} e_k z_k z_{k+1} + \sum_{k=1}^{T-1}\sum_{t=k+1}^{T} \nu_{k,t}x_{k,t}z_t$$

其中, $b_{k,k+1} = \epsilon^2\sigma_{k,k}\theta_{k,k}^2 + 2\epsilon^2\sigma_{k,k+1}\theta_{k,k}\theta_{k+1,k+1}$, $1 \leqslant k \leqslant T-1$; $b_{T,T+1} = \epsilon^2\sigma_{T,T}\theta_{T,T}^2$, $b_{k,t} = \epsilon^2 \sum_{s=k}^{t-1} \sigma_{s,s}\theta_{k,s}^2 + 2\epsilon^2 \sum_{s=k}^{t-2} \sigma_{s,s+1}\theta_{k,s}\theta_{k,s+1} + 2\epsilon^2\sigma_{t-1,t}\theta_{k,t-1}\theta_{t,t}$, $1 \leqslant k \leqslant T-1$, $k+2 \leqslant t \leqslant T$, $b_{k,T+1} = \epsilon^2 \sum_{s=k}^{T} \sigma_{s,s}\theta_{k,s}^2 + 2\epsilon^2 \sum_{s=k}^{T-1} \sigma_{s,s+1}\theta_{k,s}\theta_{k,s+1}$, $1 \leqslant k \leqslant T-1$; $u_T = \epsilon^2\sigma_{T,T}\pi_T^2$, $u_k = \epsilon^2\sigma_{kk}\pi_k^2 + 2\epsilon^2\sigma_{k,k+1}\pi_k\theta_{k+1,k+1}$, $1 \leqslant k \leqslant T-1$; $e_k = 2\epsilon^2\sigma_{k,k+1}\pi_k(\pi_{k+1} - \theta_{k+1,k+1})$, $1 \leqslant k \leqslant T-1$, $e_T = 0$; $\nu_{k,t} = 2\epsilon^2\sigma_{t-1,t}\theta_{k,t-1}(\pi_t - \theta_{t,t})$, $1 \leqslant k < t \leqslant T$; $\nu_{k,T+1} = 0, 1 \leqslant k \leqslant T$。

因此, $(\mathrm{P_{LS}})$ 对应的参数化子问题的可以转化为

$$\sum_{k=1}^{T}(\mu_k\pi_k + \lambda u_k)z_k + \sum_{k=1}^{T}\sum_{t=k+1}^{T+1}\left(c_k + \sum_{\tau=k}^{t-1} \mu_\tau\theta_{k,\tau} + \lambda b_{k,t}\right)x_{k,t}$$

$$+ \sum_{k=1}^{T-1} \lambda e_k z_k z_{k+1} + \sum_{k=1}^{T-1}\sum_{t=k+1}^{T} \lambda v_{k,t}x_{k,t}z_t \qquad \square$$

$(\mathrm{P_{LS}})$ 对应的参数化子问题为 $G = (V, A)$ 上从节点 1 到 $T+1$ 的二次最短路问题。利用引理 3.5, 我们构造一个具有 $2(T+1)$ 个节点和 $T^2 + 2T + 1$ 条边的无环扩展图 $\tilde{G} = (\tilde{V}, \tilde{A})$, 并证明 $(\mathrm{P_{LS}})$ 对应的参数化子问题等价于 $\tilde{G}$ 上的一个线性最短路问题。$\tilde{V} = \{0\} \cup V \cup V'$, 其中 $V' = \{1', 2', \cdots, T'\}$; $\tilde{A} = A_0 \cup A_1 \cup A_2 \cup A_3 \cup A_4$, 其中 $A_0 = \{(0,1), (0,1')\}$, $A_2 = \{(1,2'), (1,3'), \cdots, (1,T'), (2,3'), (2,4'), \cdots, (2,T'), \cdots, (T-1,T')\}$, $A_3 = \{(1',2), (2',3), \cdots, (T',T+1)\}$, $A_4 = \{(1',2'), (2',3'), \cdots, ((T-1)',T')\}$。

边 $(k,t) \in \tilde{A}$ 对应的费用为

$$
d_{k,t}^{\lambda} = \begin{cases}
0, & (k,t) \in A_0 \\
c_k + \displaystyle\sum_{\tau=k}^{t-1} \mu_\tau \theta_{k,\tau} + b_{k,t}\lambda, & (k,t) \in A_1 \\
c_k + \displaystyle\sum_{\tau=k}^{t-1} \mu_\tau \theta_{k,\tau} + (b_{k,t} + \nu_{k,t})\lambda, & (k,t') \in A_2 \\
\mu_k \pi_k + u_k \lambda, & (k', k+1) \in A_3 \\
\mu_k \pi_k + (u_k + e_k)\lambda, & (k', (k+1)') \in A_4
\end{cases}
$$

图 3.3 给出了当 $T = 3$ 时 $\tilde{G}$ 的图示。

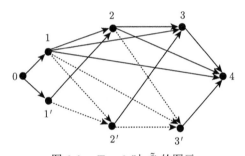

图 3.3　$T = 3$ 时 $\tilde{G}$ 的图示

定理 3.7　当 Σ 为三对角矩阵时，$(\mathrm{P_{LS}})$ 对应的参数化子问题的最优解可以通过求解 $\tilde{G}$ 上从节点 0 到 $T+1$ 的最短路得到，从而可在 $\mathcal{O}(T^2)$ 时间内得到。

证明　首先证明对 G 上任意从 1 到 $T+1$ 的路径 P，$\tilde{G}$ 上存在一条从 0 到 $T+1$ 的具有相同费用的路径 Q。令 $P = \{(k_1,k_2),(k_2,k_3),\cdots,(k_m,T+1)\}$ 为 G 上的一条路径，其中 $k_1 = 1$。相应的 $\tilde{G}$ 上的路径 Q 可以定义为 $Q = \{(0,l_1),(l_1,l_2),\cdots,(l_m,T+1)\}$，其中对任意的 $i = 1,2,\cdots,m$，如果 $(k_i,k_{i+1}) \in A_1$，那么令 $l_i = k_i$；否则，令 $l_i = (k_i)'$。容易验证，两者具有相同的费用。

利用类似的分析，可以证明对 $\tilde{G}$ 上任意一条从 0 到 $T+1$ 的路径 Q，G 上存在一条从 1 到 $T+1$ 的具有相同费用的路径 P。因此，$(\mathrm{P_{LS}})$ 对应的参数化子问题等价于在 $\tilde{G}$ 上寻找从节点 0 到 $T+1$ 的最短路。

注意到，序列 $0,1,1',\cdots,T,T',T+1$ 为给出了扩展图 $\tilde{G}$ 上的一个序。因此，$\tilde{G}$ 上从节点 0 到 $T+1$ 的最短路可以在 $\mathcal{O}(T^2)$ 时间内得到。　　　　□

下面考虑当 Σ 为三对角或者五对角矩阵时，$(\mathrm{P_{NB}})$ 对应的参数化子问题。因为 LS-NB 是 LS-LS 的特例，所以当 Σ 为三对角矩阵时，$(\mathrm{P_{NB}})$ 对应的参数化子

问题同样可以在 $\mathcal{O}(T^2)$ 时间内求解。事实上，通过分析 LS-NB 问题特殊的结构特性，可以设计计算复杂度为 $\mathcal{O}(T^2)$ 的算法来求解 Σ 为五对角矩阵的 (P$_{\text{NB}}$) 对应的参数化子问题。

引理 3.6 当 Σ 为五对角矩阵时，(P$_{\text{NB}}$) 对应的参数化子问题等价于如下二次最短路问题，即

$$\min\left\{\sum_{k=1}^{T}\sum_{t=k+1}^{T+1}\left(c_k+\sum_{\tau=k}^{t-1}\mu_\tau\theta_{k,\tau}+\lambda\rho_{k,t}\right)x_{k,t}\right.$$

$$\left.+\sum_{k=1}^{T-2}\sum_{t=k+1}^{T-1}\lambda\omega_{k,t}x_{k,t}x_{t,t+1}:x\in\Delta_{\text{NB}}\right\}$$

其中，ρ 和 ω 的定义参见证明过程。

证明 首先，有 $q_tq_{t+1}=\left(\sum_{k=1}^{t}\sum_{\tau=t+1}^{T+1}\theta_{k,t}x_{k,\tau}\right)\left(\sum_{l=1}^{t+1}\sum_{s=t+2}^{T+1}\theta_{l,t+1}x_{l,s}\right)$。利用式 (3.15) 和 $x_{k,t+1}\sum_{\tau=t+2}^{T+1}x_{t+1,\tau}=x_{k,t+1}$，有

$$q_tq_{t+1}=\sum_{k=1}^{t}\theta_{k,t}\theta_{t+1,t+1}x_{k,t+1}+\sum_{k=1}^{t}\sum_{\tau=t+2}^{T+1}\theta_{k,t}\theta_{k,t+1}x_{k,\tau} \tag{3.17}$$

对任意 $1\leqslant t\leqslant T-2$，我们有

$$q_tq_{t+2}=\left(\sum_{k=1}^{t}\sum_{\tau=t+1}^{T+1}\theta_{k,t}x_{k,\tau}\right)\left(\sum_{l=1}^{t+2}\sum_{s=t+3}^{T+1}\theta_{l,t+2}x_{l,s}\right)$$

$$=\sum_{k=1}^{t}\theta_{k,t}x_{k,t+1}\left(\theta_{t+1,t+2}\sum_{s=t+3}^{T+1}x_{t+1,s}+\theta_{t+2,t+2}\sum_{s=t+3}^{T+1}x_{t+2,s}\right)$$

$$+\sum_{k=1}^{t}\theta_{k,t}x_{k,t+2}\left(\theta_{t+2,t+2}\sum_{s=t+3}^{T+1}x_{t+2,s}\right)+\sum_{k=1}^{t}\sum_{\tau=t+3}^{T+1}\theta_{k,t}\theta_{k,t+2}x_{k,\tau} \tag{3.18}$$

$$=\sum_{k=1}^{t}\theta_{k,t}x_{k,t+1}\left(\theta_{t+1,t+2}(1-x_{t+1,t+2})+\theta_{t+2,t+2}x_{t+1,t+2}\right)$$

$$+\sum_{k=1}^{t}\theta_{k,t}\theta_{t+2,t+2}x_{k,t+2}+\sum_{k=1}^{t}\sum_{\tau=t+3}^{T+1}\theta_{k,t}\theta_{k,t+2}x_{k,\tau} \tag{3.19}$$

其中，式 (3.18) 利用了与式 (3.15) 类似的分析，式 (3.19) 利用

$$x_{k,t+1}\sum_{s=t+3}^{T+1}x_{t+1,s}=x_{k,t+1}(1-x_{t+1,t+2})$$

$$x_{k,t+1}\sum_{s=t+3}^{T+1}x_{t+2,s}=x_{k,t+1}x_{t+1,t+2}\sum_{s=t+3}^{T+1}x_{t+2,s}=x_{k,t+1}x_{t+1,t+2}$$

$$x_{k,t+2}\sum_{s=t+3}^{T+1}x_{t+2,s}=x_{k,t+2}$$

利用式 (3.17)、式 (3.19) 和 $q_t q_t = \sum_{k=1}^{t}\sum_{\tau=t+1}^{T+1}\theta_{k,t}^2 x_{k,\tau}$，可得

$$\epsilon^2 q^{\mathrm{T}}\Sigma q = \epsilon^2\sum_{t=1}^{T}\sigma_{tt}q_t q_t + 2\epsilon^2\sum_{t=1}^{T-1}\sigma_{t,t+1}q_t q_{t+1} + 2\epsilon^2\sum_{t=1}^{T-2}\sigma_{t,t+2}q_t q_{t+2}$$

$$= \sum_{k=1}^{T}\sum_{t=k+1}^{T+1}\rho_{k,t}x_{k,t} + \sum_{k=1}^{T-2}\sum_{t=k+1}^{T-1}\omega_{k,t}x_{k,t}x_{t,t+1}$$

其中

$$\rho_{k,t} = \epsilon^2\Big(\sum_{s=k}^{t-1}\sigma_{s,s}\theta_{k,s}^2 + 2\sigma_{t-1,t}\theta_{k,t-1}\theta_{t,t} + 2\sum_{s=k}^{t-2}\sigma_{s,s+1}\theta_{k,s}\theta_{k,s+1}$$

$$+ 2\sigma_{t-1,t+1}\theta_{k,t-1}\theta_{t,t+1} + 2\sigma_{t-2,t}\theta_{k,t-2}\theta_{t,t}$$

$$+ 2\sum_{s=k}^{t-3}\sigma_{s,s+2}\theta_{k,s}\theta_{k,s+2}\Big), \quad 1\leqslant k < t\leqslant T+1$$

$$\omega_{k,t} = 2\epsilon^2\sigma_{t-1,t+1}\theta_{k,t-1}(\theta_{t+1,t+1}-\theta_{t,t+1}), \quad 1\leqslant k < t\leqslant T-1$$

注意，当 $k > t$ 时，$\theta_{k,t}=0$。因此，将上述目标函数变形可以完成证明。 □

利用引理 3.6，我们构造具有 $2T-1$ 个节点和 T^2-T+1 条边的扩展图 $\bar{G} = (\bar{V}, \bar{A})$，使得 $(\mathrm{P_{NB}})$ 对应的参数化子问题等价 $\bar{G}$ 上的最短路问题。$\bar{V} = V\cup\{2',3',\cdots,(T-1)'\}$，$\bar{A} = A_5\cup A_6\cup A_7\cup A_8$，其中 $A_5 = \{(1,2),(1,3),\cdots,(1,T+1),\cdots,(k,k+2),\cdots,(k,T+1),\cdots,(T,T+1)\}$，$A_6 = \{(1,2'),(1,3'),\cdots,(1,(T-1)'),\cdots,(k,(k+2)'),\cdots,(T-3,(T-1)')\}$，$A_7 = \{(2',3),(3',4),\cdots,(k',k+1),\cdots,((T-1)',T)\}$，$A_8 = \{(2',3'),(3',4'),\cdots,(k',(k+1)'),\cdots,((T-2)',(T-1)')\}$。边 $(k,t)\in\bar{A}$ 的费用定义为

$$
d_{k,t}^{\lambda} = \begin{cases} c_k + \sum_{\tau=k}^{t-1} \mu_\tau \theta_{k,\tau} + \rho_{k,t}\lambda, & (k,t) \in A_5, \quad (k',t) \in A_7 \\ c_k + \sum_{\tau=k}^{t-1} \mu_\tau \theta_{k,\tau} + (\rho_{k,t} + \omega_{k,t})\lambda, & (k,t') \in A_6, \quad (k',t') \in A_8 \end{cases}
$$

图 3.4 给出了当 $T = 4$ 时扩展图 $\bar{G}$ 的图示。类似于对扩展图 $\tilde{G}$ 的分析，有如下结论。

定理 3.8 当 Σ 为五对角矩阵时，(P_{NB}) 对应的参数化子问题的最优解可以通过求解 $\bar{G}$ 上从 1 到 $T+1$ 的最短路在 $\mathcal{O}(T^2)$ 得到。

与 (P_{LS}) 和 (P_{NB}) 相比，(P_B) 对应的参数子问题更难处理。虽然我们可以分析其结构特性构造相应的扩展图，但是其计算复杂度仍为 $\mathcal{O}(T^3)$。

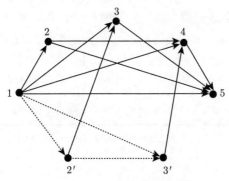

图 3.4 $T = 4$ 时 $\bar{G}$ 的图示

3.5 数 值 实 验

本节首先将参数搜索方法与 CPLEX 方法进行计算对比，验证其有效性。然后，将鲁棒模型与经典的随机模型进行比较，验证鲁棒模型的有效性。采用 CPLEX(记作 CPX)12.6 作为对比的求解器，同时针对参数子问题，我们将提出的 $\mathcal{O}(T^2)$ 时间算法与 Rostami 等提出的算法进行对比。实验选择 LS-LS 的 DRM 问题进行计算实验 [106]。所有实验均在同一台具有 i5-4570 CPU (central proceesing unit,中央处理器) 的计算机上进行。

实验假定不同周期的随机需求服从 $[0,a]$ 上的均匀分布，其中 a 从 $[5,15]$ 随机采样得到。对需求部分相关的 Σ 为三对角矩阵的问题，采用如下方式产生 t 和 $t+1$ 周期需求的相关系数 $\rho_{t,t+1}$：$\rho_{1,2}$ 在 $[-1,1]$ 上均匀采样得到；对 $2 \leqslant t \leqslant T-1$，$\rho_{t,t+1}$ 在 $[|\rho_{t-1,t}| - 1, 1 - |\rho_{t-1,t}|]$ 上均匀采样得到。如此可以保证 Σ 为正定矩阵。参数 p_t、h_t、c_t 和 π_t 同样随机生成。利用 Delage 等 [68] 提出的数据驱动的方法

构造 $\mathcal{D}$。首先产生 D 的 M 个独立采样 $\{d^i\}_{i=1}^M$，然后计算 $\bar{\mu}$ 和 $\bar{\Sigma}$，最后选择 $\delta = 5\%$ 及 $R = \max\limits_{i=1,2,\cdots,M}(d^i - \bar{\mu})^{\mathrm{T}}\bar{\Sigma}^{-1}(d^i - \bar{\mu})$，取 $\epsilon = \dfrac{R}{\sqrt{M}}\left(2 + \sqrt{2\ln(1/\delta)}\right)$。模型参数如表 3.1 所示。

表 3.1　模型参数

参数	取值	参数	取值
a	[5,15] 上均匀分布	M	200~10000
p_t	[0,1] 上均匀分布	h_t	[0,1] 上均匀分布
π_t	[0,5] 上均匀分布	c_t	[0,10] 上均匀分布

3.5.1　算法的有效性

表 3.2 和表 3.3 分别给出了对需求不相关和部分相关问题，参数搜索算法和 CPX 在 200 次随机生成问题上的平均计算性能。表中的第 2 列给出了对应问题中 0-1 变量的个数。第 3、4 列给出了参数搜索算法求解子问题个数的平均值和最大值。第 5、6 列给出了参数搜索算法和 CPX 的平均计算时间，其中 CPX 计算时间的上限设定为 600s。最后一列给出了 CPX 得到解的相对误差 (Gap)。

表 3.2　PS 和 CPX 在需求不相关问题上的计算性能对比

T	0-1 变量	PS			CPX	
		平均值	最大值	时间/ms	时间/ms	Gap/%
50	1326	2.1	3	0.4	224.5	0
100	5151	2.4	3	1.6	847.4	0
200	20301	2.8	4	2.0	7039.0	0
400	80601	3.5	5	33.2	102434.0	0
600	180901	4.5	6	694.4	574903.0	0
800	321201	4.8	7	5219.4	643167.8	0.14
1000	501501	4.9	6	6306.0	699050.1	0.11

表 3.3　PS 和 CPX 在需求部分相关问题上的计算性能对比

T	0-1 变量	PS			CPX	
		平均值	最大值	时间/ms	时间/ms	Gap/%
50	1326	2.1	3	1.9	166.7	0
100	5151	2.2	3	5.7	848.3	0
200	20301	2.7	4	93.5	9107.1	0
400	80601	3.6	5	115.1	171592.2	0
600	180901	3.6	5	1684.4	486364.4	0
800	321201	4.8	6	5547.0	605757.6	0.14
1000	501501	5.4	6	7297.2	638406.4	0.12

由表 3.2和表 3.3可知，提出的参数搜索算法可以将 CPX 的计算时间提升几个数量级。当问题规模大于 $T = 800$ 时，CPX 无法在 10min 内得到问题的最优解，而参数搜索算法仅需要 6~8s 就可以得到问题的最优解。同时，参数搜索算法仅需要求解不多于 10 个参数子问题便可得到原问题的最优解，从而可以在很短的时间内求解更大规模的问题。

最后，对比提出的基于扩展图的算法 (记为 Alg-1) 和文献 [106] 中的算法 (记为 Alg-2) 在求解参数子问题上的计算性能。表 3.4的第 3、4 列给出两种算法的计算时间。计算结果表明，通过利用问题的结构特性，本书提出的算法具有更好的计算效率。

表 3.4 基于扩展图的算法与现有算法的计算性能比较

T	0-1 变量	Alg-1/ms	Alg-2/ms
50	1326	0.7	1.2
100	5151	2.2	5.1
200	20301	10.0	34.1
400	80601	28.6	220.4
800	321201	435.9	2038.9
1600	1282401	1829.2	17355.7
3200	5124801	8749.5	178126.2

3.5.2 鲁棒模型的有效性

下面将提出的分布鲁棒优化模型 (distributionally robust model, DRM) 与传统随机模型进行对比。随机模型仅利用估计的平均需求信息进行决策。随机产生若干组均值和协方差矩阵，对比两种模型解的平均性能、方差和鲁棒目标函数，其中鲁棒目标函数指对应的均值-风险目标函数值。最终所有数值均采用 DRM/SM 的方式转化为百分比值。

表 3.5给出了当 $T = 50$、200 和 400 时，对于需求不相关问题，两类模型的决策性能。表中，$\kappa = \dfrac{\epsilon}{\sqrt{T}}$ 度量不确定性需求的估计精度。首先，对所有算例，鲁棒模型的解虽然在平均费用上有所增加，但是会大大降低系统费用的方差值，即鲁棒模型可以降低系统波动。同时，鲁棒模型解的鲁棒目标函数值也更低。例如，当 $\kappa \approx 0.95$ 时，鲁棒模型的解仅导致平均费用上升 2%，却使系统费用方差下降 20%。其次，随着对不确定性需求估计精度的提高，鲁棒模型解对应的平均费用的上升非常有限，提供的鲁棒性仍然非常可观。例如，当 $T = 50$ 和 $M = 10000$ 时，鲁棒模型解导致平均费用上升 0.7%，却使系统费用方差下降 13.6%。

实验结果表明,本书提出的分布鲁棒模型能以较小的平均费用上升的代价,极大地降低系统费用的波动,尤其是随机需求可以被较精确地估计时。实验结果还表明，ϵ 的取值对鲁棒模型有较大影响。注意到，ϵ 起到了对风险项 $\sqrt{q^{\mathrm{T}}\Sigma q}$ 加权的作用，从而 ϵ 在一定程度上可以反映决策者的主观风险厌恶程度。因此，我们建议在选取 ϵ 值时，既考虑历史采样数据的规模，也考虑决策者的主观风险偏好。当历史信息较充足、主观风险厌恶不强时，可选取较小的 ϵ 值；反之可选取较大的 ϵ 值。在实际决策中，也可以尝试不同的 ϵ 值，并比较不同鲁棒模型解的平均费用和鲁棒目标函数值。

表 3.5   鲁棒优化和随机优化模型的比较

T	指标	M					
		200	500	1000	2000	5000	10000
50	$\kappa = \dfrac{\epsilon}{\sqrt{T}}$	2.668	1.778	1.251	0.899	0.591	0.426
	均值	1.081	1.053	1.033	1.021	1.011	1.007
	方差	0.655	0.665	0.724	0.758	0.828	0.864
	鲁棒目标值	0.925	0.943	0.964	0.978	0.988	0.994
200	$\kappa = \dfrac{\epsilon}{\sqrt{T}}$	4.654	3.118	2.093	1.534	0.995	0.702
	均值	1.108	1.085	1.057	1.045	1.020	1.014
	方差	0.623	0.651	0.677	0.712	0.790	0.811
	鲁棒目标值	0.887	0.919	0.937	0.959	0.977	0.985
400	$\kappa = \dfrac{\epsilon}{\sqrt{T}}$	6.296	4.041	2.971	2.057	1.329	0.930
	均值	1.132	1.101	1.079	1.054	1.037	1.021
	方差	0.600	0.628	0.655	0.680	0.717	0.788
	鲁棒目标值	0.866	0.896	0.921	0.940	0.962	0.979

3.6 本 章 小 结

本章研究两阶段批量订购问题的鲁棒优化问题，给出等价的混合 0-1 二阶锥规划模型。通过挖掘目标函数的凹性和最短路约束的特殊性质，设计参数搜索算法。针对不同周期的随机需求不相关和部分相关的情况，设计多项式时间的算法。计算实验表明，与 CPLEX 优化软件相比，本章提出的参数搜索算法具有两个数量级的计算时间优势。

第 4 章　基于矩信息的鲁棒路径规划方法

本章采用基于矩信息的鲁棒优化方法，对路径规划问题进行研究。本章给出基于矩信息的分布鲁棒路径规划问题的等价协正锥规划形式，并设计基于该对偶等价问题的场景估计方法和半正定估计算法。为了有效求解大规模问题，我们给出一种有效的原始估计方法，该方法只需要求解两个线性最短路问题和一个均值-标准差最短路问题。最终，利用数值实验验证模型和方法的有效性。

4.1　鲁棒路径规划问题模型

4.1.1　路径规划问题及可靠性准则

考虑一个有向连通图 $\mathcal{G} = (\mathcal{N}, \mathcal{A})$，其中 $\mathcal{N}$ 和 $\mathcal{A}$ 分别为节点和边的集合，并且 $|\mathcal{N}| = m$、$|\mathcal{A}| = n$。令 ξ_{ij} 为边 ij 上的费用，$\xi = \{\xi_{ij} : ij \in \mathcal{A}\}$。对任意 $S \subseteq \mathcal{N}$，令 $\mathcal{A}(S)$ 为终点属于 S 的边的集合。对任意节点对 $\{r, s\} \in \mathcal{N}$，令 $\mathcal{N}_{rs} = \mathcal{N} \setminus \{r, s\}$。从 r 到 s 的无环最短路问题可以表示为

$$
\min \quad \sum_{ij \in \mathcal{A}} \xi_{ij} x_{ij}
$$

$$
\text{s.t.} \quad \sum_{j:ij \in \mathcal{A}} x_{ij} - \sum_{j:ji \in \mathcal{A}} x_{ji} = b_i, \quad i \in \mathcal{N} \tag{4.1}
$$

$$
\sum_{ij \in \mathcal{A}(S)} x_{ij} \leqslant |S| - 1, \quad S \subseteq \mathcal{N}_{rs}, \quad |S| \geqslant 2 \tag{4.2}
$$

$$
x_{ij} \in \{0, 1\}, \quad ij \in \mathcal{A} \tag{4.3}
$$

其中，$b_r = 1$；$b_s = -1$；$b_i = 0, i \in \mathcal{N} \setminus \{r, s\}$。

式 (4.1) 为网络流平衡约束。式 (4.2) 为经典的 Dantzig-Fulkerson-Johnson (DFJ) 约束，用来消除环。当边上的费用为非负值时，此类无环约束可以移除。令 X 为式 (4.1)~ 式 (4.3) 定义的可行域，因此 $x \in X \subseteq \{0, 1\}^n$ 表示从 r 到 s 的一条路径。

随机最短路 (stochastic shortest path, SSP) 问题假定 ξ 为随机向量，在假定其概率分布函数 F_ξ 已知的情况下，寻找特定可靠性准则下的路径规划，如期望旅行时间 (expected travel time, ETT)、分位点旅行时间 (percentile travel time,

PTT)、平均超额旅行时间 (mean excess travel time, METT) 准则。路径 x 的 ETT 定义为

$$\mathrm{ETT}(x) = E(\xi^{\mathrm{T}}x) + \rho\sqrt{\mathrm{Var}(\xi^{\mathrm{T}}x)}$$

其中，$\rho \geqslant 0$ 为风险因子；E 和 Var 表示求期望和方差的运算。

路径 x 的 α-PTT 定义为路径随机旅行时间 $\xi^{\mathrm{T}}x$ 的左侧 $1-\alpha$ 分位点，即

$$\mathrm{PTT}_\alpha(x) = \inf\{t : F(\xi^{\mathrm{T}}x) \geqslant 1-\alpha\}$$

其中，$\alpha \in (0,1)$。

路径 x 的 α-METT 度量路径旅行时间超过 α-PTT 的平均值，即

$$\mathrm{METT}_\alpha(x) = \frac{1}{\alpha}\int_0^\alpha \mathrm{PTT}_\beta(x)\mathrm{d}\beta$$

α-METT 与金融领域常用的 CVaR 概念一致，并且可以等价定义为

$$\mathrm{CVaR}_\alpha(\eta) = \min_{t\in\mathbf{R}}\left\{t + \frac{1}{\alpha}E_F[\eta-t]_+\right\} \tag{4.4}$$

4.1.2　鲁棒路径规划问题

在实际应用中，F_ξ 往往难以精确得到，考虑基于非精确概率分布函数的鲁棒路径规划问题。为此，我们假定 F_ξ 虽然无法精确获得，但是它属于一个特定的概率分布函数集 $\mathcal{D}$。在不引起符号混淆的情况下，认为 $\xi \in \mathcal{D}$ 等同于 $F_\xi \in \mathcal{D}$。

为了刻画基于概率分布函数集的路径可靠性，我们引入鲁棒平均超额旅行时间的概念 (α-RMETT)。

定义 4.1　路径 x 关于概率分布函数集 $\mathcal{D}$ 的 α-RMETT 定义为，当 F_ξ 在 $\mathcal{D}$ 内变化时，α-METT 的最大值为

$$\mathrm{RMETT}_\alpha(x) = \sup_{F_\xi\in\mathcal{D}} \mathrm{METT}_\alpha(x) \tag{4.5}$$

根据其定义，α-RMETT 为 F_ξ 在 $\mathcal{D}$ 内变化时，最差情况下的 α-METT 值。因此，α-RMETT 可以同时度量旅行时间的不确定性，以及对旅行时间概率分布函数估计的不精确性。当 $\mathcal{D}$ 仅包含一个特定的概率分布时，α-RMETT 退化为一般的 α-METT。

考虑如下鲁棒路径规划问题，即

$$\mathrm{(P)}\quad \min_{x\in X} \mathrm{RMETT}_\alpha(x) \tag{4.6}$$

对一般的概率分布函数集，评价给定路径 x 的 $\mathrm{RMETT}_\alpha(x)$ 也是比较困难的。考虑 $X \subseteq \{0,1\}^n$ 是离散集合，因此 (P) 是一个非常复杂的非线性离散优化问题。下面重点考虑基于矩信息的概率分布函数集对应的鲁棒路径规划问题的求解。

4.1.3 概率分布函数集的构造

下面讨论如何利用历史数据构造基于矩的概率分布函数集。

令 $S = \{\xi_{ij}^d : ij \in \mathcal{A}, d = 1, 2, \cdots, D\}$ 为同一路段 D 天的旅行时间采样值。随机变量 ξ_{ij} 的支撑集、均值和协方差矩阵可以通过如下方式估计，即 $[a_{ij}, b_{ij}]$，$\mu_{ij} = \dfrac{1}{D} \sum\limits_{d=1}^{D} \xi_{ij}^d$ 和 $\Sigma = \dfrac{1}{D-1} \sum\limits_{d=1}^{D} (\xi^d - \mu)(\xi^d - \mu)^{\mathrm{T}}$，其中 $a_{ij} = \min\limits_{1 \leqslant d \leqslant D}\{\xi_{ij}^d\}$，$b_{ij} = \max\limits_{1 \leqslant d \leqslant D}\{\xi_{ij}^d\}$。因此，$\xi$ 可以假定为属于如下概率分布函数集，即

$$\mathcal{D} = \{F_\xi |\ P(\xi \in [a,b]) = 1, E_F[\xi] = \mu, \mathrm{Cov}(\xi) = \Sigma\} \tag{4.7}$$

对于给定的路径 $x \in X \in \{0,1\}^n$，路径 x 对应的旅行时间为随机变量 $\xi_x \stackrel{\text{def}}{=} \xi^{\mathrm{T}} x$。当 $F_\xi \in \mathcal{D}$ 时，我们有 $a^{\mathrm{T}} x \leqslant \xi_x \leqslant b^{\mathrm{T}} x$、$E[\xi_x] = \mu^{\mathrm{T}} x$、$\mathrm{Var}(\xi_x) = x^{\mathrm{T}}\Sigma x$。因此，我们有 ξ_x 属于如下的概率分布函数集，即

$$\mathcal{D}_x = \left\{ F \left| \begin{array}{l} P(a^{\mathrm{T}} x \leqslant \xi_x \leqslant b^{\mathrm{T}} x) = 1, \\ E_F[\xi_x] = \mu^{\mathrm{T}} x, \mathrm{Var}(\xi_x) = x^{\mathrm{T}}\Sigma x \end{array} \right. \right\} \tag{4.8}$$

考虑针对沿路径 x 的旅行时间关于概率分布函数集 $\mathcal{D}_x$ 的 α-RMETT，即

$$\widehat{\mathrm{RMETT}}_\alpha(x) = \sup_{F \in \mathcal{D}_x} \mathrm{METT}_\alpha(x) \tag{4.9}$$

我们将证明 $\widehat{\mathrm{RMETT}}_\alpha(x)$ 是 $\mathrm{RMETT}_\alpha(x)$ 的一个上界，并给出 $\widehat{\mathrm{RMETT}}_\alpha(x)$ 的解析表达式。

4.2 对偶估计方法

下面给出求解 (P) 的对偶估计方法。

4.2.1 对偶形式

我们给出问题 (P) 的等价对偶形式。为此，首先引入矩锥和 Slater 内点条件 (Slater's interior point condition, SIPC)。定义在 Ω 上的矩锥定义为

$$\mathcal{M}(\Omega) = \left\{ \lambda(1, \mu, \Sigma) \left| \begin{array}{l} \lambda \geqslant 0, \exists\ \xi, \text{s.t.}\ P(\xi \in \Omega) = 1 \\ E(\xi) = \mu, \mathrm{Cov}(\xi) = \Sigma \end{array} \right. \right\}$$

SIPC 是假定在概率分布函数集 $\mathcal{D}$ 中, $(1, \mu, \Sigma)$ 属于 $\mathcal{M}([a, b])$ 的内点。

下面的定理给出了 RMETT 和 (P) 的等价对偶形式。

定理 4.1　假设 SIPC 成立, 那么对任意 $x \in X$, $\mathrm{RMETT}_\alpha(x)$ 等于如下问题的最优目标函数值, 即

$$\min \ t + \frac{1}{\alpha} \left(y_0 + \mu^{\mathrm{T}} y + M \cdot Y \right)$$

$$\mathrm{s.t.} \quad y_0 + \xi^{\mathrm{T}} y + \xi^{\mathrm{T}} Y \xi \geqslant 0, \quad \xi \in [a, b] \tag{4.10}$$

$$y_0 + t + \xi^{\mathrm{T}} (y - x) + \xi^{\mathrm{T}} Y \xi \geqslant 0, \quad \xi \in [a, b] \tag{4.11}$$

$$t, y_0 \in \mathbf{R}, \quad y \in \mathbf{R}^n, \quad Y = Y^{\mathrm{T}} \in \mathbf{R}^{n \times n} \tag{4.12}$$

其中, $M = \Sigma + \mu\mu^{\mathrm{T}}$; $M \cdot Y = \sum_{ij} M_{ij} Y_{ij}$; Y 为 $n \times n$ 对称矩阵。

(P) 等价于如下的优化问题, 即

$$(\mathrm{DP}) \ \min \ t + \frac{1}{\alpha} \left(y_0 + \mu^{\mathrm{T}} y + M \cdot Y \right)$$

$$\mathrm{s.t.} \quad x \in X, \ 式(4.10) \sim 式(4.12)成立$$

证明　给定 x 和 F_ξ, 利用式 (4.4), $\mathrm{METT}_\alpha(x) = \mathrm{CVaR}_\alpha(\xi^{\mathrm{T}} x)$ 等价于

$$\mathrm{METT}_\alpha(x) = \min_{t \in \mathbf{R}} \left\{ t + \frac{1}{\alpha} E_F [\xi^{\mathrm{T}} x - t]_+ \right\} \tag{4.13}$$

其中, $[x]_+ = \max\{x, 0\}$。

因为 $x \in X$、$\xi \in \mathcal{D}$, 我们有 $a^{\mathrm{T}} x \leqslant \xi^{\mathrm{T}} x \leqslant b^{\mathrm{T}} x$, 所以

$$\mathrm{METT}_\alpha(x) = \min_{t \in [a^{\mathrm{T}} x, b^{\mathrm{T}} x]} \left\{ t + \frac{1}{\alpha} E_F [\xi^{\mathrm{T}} x - t]_+ \right\}$$

因为 $[a^{\mathrm{T}} x, b^{\mathrm{T}} x]$ 为凸紧集, $\mathcal{D}$ 为凸集, $f(t\ F) = t + \dfrac{1}{\alpha} E_F [\xi^{\mathrm{T}} x - t]_+ : [a^{\mathrm{T}} x, b^{\mathrm{T}} x] \times \mathcal{D} \to [0, +\infty)$ 是关于 t 和 F 的凸函数, 利用 min-max 定理 [107], 我们有

$$\mathrm{RMETT}_\alpha(x) = \sup_{F \in \mathcal{D}} \min_{t \in [a^{\mathrm{T}} x, b^{\mathrm{T}} x]} \left\{ t + \frac{1}{\alpha} E_F [\xi^{\mathrm{T}} x - t]_+ \right\}$$

$$= \min_{t \in [a^{\mathrm{T}} x, b^{\mathrm{T}} x]} \sup_{F \in \mathcal{D}} \left\{ t + \frac{1}{\alpha} E_F [\xi^{\mathrm{T}} x - t]_+ \right\}$$

$$= \min_{t \in [a^{\mathrm{T}} x, b^{\mathrm{T}} x]} \left\{ t + \frac{1}{\alpha} \sup_{F \in \mathcal{D}} E_F [\xi^{\mathrm{T}} x - t]_+ \right\} \tag{4.14}$$

内层最大化问题 $\sup\limits_{F \in \mathcal{D}} E_F[(\xi^{\mathrm{T}}x - t)_+]$ 为标准的矩优化问题 [79]。为使用强对偶原理 [78]，我们引入变量 $y_0 \in \mathbf{R}$、$y \in \mathbf{R}^n$ 和 $Y \in \mathbf{R}^{n \times n}$ 来松弛关于支撑集、均值和协方差的约束，从而得到如下等价的对偶问题，即

$$\min \ y_0 + \mu^{\mathrm{T}}y + M \cdot Y$$

$$\text{s.t.} \quad y_0 + \xi^{\mathrm{T}}y + \xi^{\mathrm{T}}Y\xi \geqslant [\xi^{\mathrm{T}}x - t]_+, \quad \forall \xi \in [a, b] \tag{4.15}$$

$$y_0 \in \mathbf{R}, \quad y \in \mathbf{R}^n, \quad Y = Y^{\mathrm{T}} \in \mathbf{R}^{n \times n}$$

因为 $[\xi^{\mathrm{T}}x - t]_+ \geqslant \xi^{\mathrm{T}}x - t$、$[\xi^{\mathrm{T}}x - t]_+ \geqslant 0$，所以式 (4.15) 可以等价表述为式 (4.10) 和式 (4.11)。通过将内层最大化问题的等价对偶问题代入式 (4.14)，我们可以得到 RMETT 的等价对偶形式。

类似地，将 RMETT 的对偶形式代入 (P)，便可得到 (P) 的等价形式。　　□

(DP) 的难度取决于支撑集的形式。例如，当 $a_{ij} = -\infty$ 和 $b_{ij} = +\infty, ij \in \mathcal{A}$ 时，我们有式 (4.10) 和式 (4.11) 为半正定约束，因此 (DP) 为混合 0-1 半正定规划问题，可以采用分支定界算法求解。然而，一般情况下，该问题为 co-NP-完全的协正锥规划问题 [108]。

4.2.2　计算 (P) 下界的场景方法

(DP) 为凸的半无限约束优化问题，可以采用近年来提出的场景方法求解 [109]。具体而言，为了处理无限约束式 (4.10) 和式 (4.11)，场景方法通过在 $[a, b]$ 上对 ξ 进行有限数目的采样，将其替换为有限数目的约束。容易证明，对应的场景问题提供了 (P) 的一个下界。

定理 4.2　假定 SIPC 成立，令采样集合 $S = \{\xi^i : 1 \leqslant i \leqslant N\} \subseteq [a, b]$，那么如下混合 0-1 线性规划问题 (LP) 给出了 (P) 的下界，即

$$\min \ t + \frac{1}{\alpha}\left(y_0 + \mu^{\mathrm{T}}y + M \cdot Y\right)$$

$$\text{s.t.} \quad y_0 + (\xi^i)^{\mathrm{T}}y + (\xi^i)^{\mathrm{T}}Y\xi^i \geqslant 0, \quad 1 \leqslant i \leqslant N$$

$$y_0 + t + (\xi^i)^{\mathrm{T}}(y - x) + (\xi^i)^{\mathrm{T}}Y\xi^i \geqslant 0, \quad 1 \leqslant i \leqslant N$$

$$x \in X$$

场景方法给出的解的可行性和最优性取决于采样数目 N。当 ξ^i 通过随机均匀采样得到时，关于两者概率保证的采样数目分析可以参见文献 [109]、[110]。

4.2.3　计算 (P) 上界的半正定规划方法

为了计算 (P) 的上界，我们可以将约束 (4.10) 和 (4.11) 替换为更紧的、更易处理的凸约束。因此，我们引入紧的半正定约束来估计这两个约束。

令 G 为 (DP) 的可行域，即 $G = G_1 \cap G_2 \cap G_3$，其中 $G_1 = \{(x, t, y_0, y, Y) : x \in X$ 并且式(4.12)$\}$，$G_2 = \{(x, t, y_0, y, Y) :$ 式(4.10)$\}$，$G_3 = \{(x, t, y_0, y, Y) :$ 式(4.11)$\}$，引理 4.1和引理 4.2利用半正定约束替换约束 G_2 和 G_3。

引理 4.1　对任意 $(x, t, y_0, y, Y) \in G_1$，如果存在 $(z_{01}, z_1, Z_1, U_1, V_1, W_1)$，使得

$$y_0 - U_1 \cdot aa^{\mathrm{T}} - V_1 \cdot bb^{\mathrm{T}} + W_1 \cdot ab^{\mathrm{T}} - z_{01} \geqslant 0 \tag{4.16}$$

$$z_1 = 2U_1 a + 2V_1 b + y - W_1^{\mathrm{T}} a - W_1 b \tag{4.17}$$

$$Z_1 = Y - U_1 - V_1 + 1/2(W_1 + W_1^{\mathrm{T}}) \tag{4.18}$$

$$\begin{bmatrix} z_{01} & 1/2 z_1^{\mathrm{T}} \\ 1/2 z_1 & Z_1 \end{bmatrix} \succeq 0 \tag{4.19}$$

$$U_1 = U_1^{\mathrm{T}}, \quad V_1 = V_1^{\mathrm{T}}, \quad U_1, V_1, W_1 \geqslant 0 \tag{4.20}$$

$$z_{01} \in \mathbf{R}, \quad z_1 \in \mathbf{R}^n, \quad Z_1, U_1, V_1, W_1 \in \mathbf{R}^{n \times n} \tag{4.21}$$

那么，$(x, t, y_0, y, Y) \in G_2$。

证明　注意到 $(x, t, y_0, y, Y) \in G_2 \Leftrightarrow f_1^* \geqslant 0$，其中 f_1^* 为如下问题的最优值，即

$$\text{(P1)} \quad \min\{y_0 + \xi^{\mathrm{T}} y + Y \cdot \Xi : a \leqslant \xi \leqslant b, \Xi = \xi\xi^{\mathrm{T}}\}$$

对任意 $\xi \in [a, b]$，我们有 $(\xi - a)(\xi - a)^{\mathrm{T}} \geqslant 0$、$(\xi - b)(\xi - b)^{\mathrm{T}} \geqslant 0$ 和 $(\xi - a)(\xi - b)^{\mathrm{T}} \leqslant 0$，即 $\Xi - a\xi^{\mathrm{T}} - \xi a^{\mathrm{T}} + aa^{\mathrm{T}} \geqslant 0$、$\Xi - b\xi^{\mathrm{T}} - \xi b^{\mathrm{T}} + bb^{\mathrm{T}} \geqslant 0$ 和 $\Xi - a\xi^{\mathrm{T}} - \xi b^{\mathrm{T}} + ab^{\mathrm{T}} \leqslant 0$。注意，$\Xi = \xi\xi^{\mathrm{T}}$ 可以松弛为半正定约束[111]。因此，如下优化问题 (P2) 是 (P1) 的松弛，即 $f_1^* \geqslant f_2^*$，其中 f_2^* 是如下优化问题 (P2) 的最优值，即

$$\text{(P2)} \quad \min \begin{bmatrix} y_0 & 1/2 y^{\mathrm{T}} \\ 1/2 y & Y \end{bmatrix} \cdot \begin{bmatrix} 1 & \xi^{\mathrm{T}} \\ \xi & \Xi \end{bmatrix}$$

$$\text{s.t.} \quad a \leqslant \xi \leqslant b$$

$$\Xi - a\xi^{\mathrm{T}} - \xi a^{\mathrm{T}} + aa^{\mathrm{T}} \geqslant 0$$

$$\Xi - b\xi^{\mathrm{T}} - \xi b^{\mathrm{T}} + bb^{\mathrm{T}} \geqslant 0$$

$$a\xi^{\mathrm{T}} + \xi b^{\mathrm{T}} - \Xi - ab^{\mathrm{T}} \geqslant 0$$

$$\begin{bmatrix} 1 & \xi^{\mathrm{T}} \\ \xi & \Xi \end{bmatrix} \succeq 0$$

由于最后两个约束，约束 $a \leqslant \xi \leqslant b$ 在 (P2) 中是冗余的，因此可以从 (P2) 中删除。通过引入对偶变量 U_1、V_1、$W_1 \in \mathbf{R}_+^{n \times n}$ 来松弛 (P2) 的其余约束，我们可以得到 (P2) 的对偶问题，即

$$\text{(P3)} \quad \max \ y_0 - U_1 \cdot aa^{\mathrm{T}} - V_1 \cdot bb^{\mathrm{T}} + W_1 \cdot ab^{\mathrm{T}} - z_{01}$$

$$\text{s.t.} \quad z_1 = 2U_1 a + 2V_1 b + y - W_1^{\mathrm{T}} a - W_1 b$$

$$Z_1 = Y - U_1 - V_1 + 1/2(W_1 + W_1^{\mathrm{T}})$$

$$\begin{bmatrix} z_{01} & 1/2z_1^{\mathrm{T}} \\ 1/2z_1 & Z_1 \end{bmatrix} \succeq 0$$

$$U_1 = U_1^{\mathrm{T}} \ V_1 = V_1^{\mathrm{T}}, \quad U_1 \ V_1 \ W_1 \geqslant 0$$

令 f_3^* 为优化问题 (P3) 的最优值，利用弱对偶原理，我们有 $f_2^* \geqslant f_3^*$。因此，$f_3^* \geqslant 0 \Rightarrow f_1^* \geqslant 0$，定理得证。 $\qquad \square$

利用类似的方法，我们可以得到如下结论。

引理 4.2 对任意 $(x, t, y_0, y, Y) \in G_1$，如果存在 $(z_{02}, z_2, Z_2, U_2, V_2, W_2)$，使得

$$y_0 + t - U_2 \cdot aa^{\mathrm{T}} - V_2 \cdot bb^{\mathrm{T}} + W_2 \cdot ab^{\mathrm{T}} - z_{02} \geqslant 0 \tag{4.22}$$

$$z_2 = 2U_2 a + 2V_2 b + y - x - W_2^{\mathrm{T}} a - W_2 b \tag{4.23}$$

$$Z_2 = Y - U_2 - V_2 + 1/2(W_2 + W_2^{\mathrm{T}}) \tag{4.24}$$

$$\begin{bmatrix} z_{02} & 1/2z_2^{\mathrm{T}} \\ 1/2z_2 & Z_2 \end{bmatrix} \succeq 0 \tag{4.25}$$

$$U_2 = U_2^{\mathrm{T}}, \quad V_2 = V_2^{\mathrm{T}}, \quad U_2, V_2 \ W_2 \geqslant 0 \tag{4.26}$$

$$z_{02} \in \mathbf{R}, \quad z_2 \in \mathbf{R}^n, \quad Z_2, U_2, V_2, W_2 \in \mathbf{R}^{n \times n} \tag{4.27}$$

那么，$(x, t, y_0, y, Y) \in G_3$。

综合引理 4.1 和引理 4.2，我们可以通过求解下面的混合 0-1 半正定规划问题得到 (P) 的上界。

定理 4.3 假定 SIPC 成立，那么混合 0-1 半正定规划问题给出了 (P) 的上界，即

$$\min \ t + \frac{1}{\alpha} \left(y_0 + \mu^{\mathrm{T}} y + M \cdot Y \right)$$

$$\text{s.t.} \quad x \in X, \text{式 (4.12)、式 (4.16)} \sim \text{式 (4.27) 成立}$$

注意到，对任意 $x \in X$，我们同样可以得到 $\mathrm{RMETT}_\alpha(x)$ 的上界。当问题规模变大时，本节提出的两种方法计算效率较低，下面提出一种原始估计方法。

4.3　原始估计方法

首先给出 $\widehat{\mathrm{RMETT}}$ 的解析表达式，然后给出 (P) 的一种原始估计方法。

4.3.1　$\widehat{\mathrm{RMETT}}$ 的解析表达式

给定 $x \in X$，因为 $\mathrm{METT}_\alpha(x) = \mathrm{CVaR}_\alpha(\xi^{\mathrm{T}}x)$，利用式 (4.9)，我们有

$$\widehat{\mathrm{RMETT}}_\alpha(x) = \sup_{F \in \mathcal{D}_x} \mathrm{METT}_\alpha(x) = \sup_{F_\eta \in \mathcal{D}_x} \mathrm{CVaR}_\alpha(\eta) \tag{4.28}$$

为了给出 $\widehat{\mathrm{RMETT}}$ 的解析表达式，考虑

$$\mathrm{W\text{-}CVaR}_\alpha = \sup_{F_\eta \in \mathcal{D}([l,u],\mu,\sigma^2)} \mathrm{CVaR}_\alpha(\eta) \tag{4.29}$$

其中，$\mathcal{D}([l,u]\,\mu,\sigma^2) = \{F_\eta | \ P(\eta \in [l,u]) = 1, E_F[\eta] = \mu, \mathrm{Var}(\eta) = \sigma^2\}$。

如下定理表明，$\mathrm{W\text{-}CVaR}_\alpha$ 可以等价表述为分片函数的形式。该定理的结论与定理 2.5 是一致的。

定理 4.4　如果 $\mathcal{D}([l,u],\mu,\sigma^2) \neq \varnothing$ 和 $\sigma > 0$，那么

$$\mathrm{W\text{-}CVaR}_\alpha = \begin{cases} u, & 0 < \alpha \leqslant \alpha_1 \\[2mm] \mu + \sqrt{\dfrac{1-\alpha}{\alpha}}\sqrt{\sigma^2}, & \alpha_1 \leqslant \alpha \leqslant \alpha_2 \\[2mm] \dfrac{\mu - (1-\alpha)l}{\alpha}, & \alpha_2 \leqslant \alpha < 1 \end{cases}$$

其中，$\alpha_1 = \dfrac{\sigma^2}{\sigma^2 + (\mu-u)^2}$；$\alpha_2 = \dfrac{(\mu-l)^2}{\sigma^2 + (\mu-l)^2}$。

证明　类似于式 (4.14)，我们有

$$\mathrm{RCVaR}_\alpha(\eta) = \sup_{F_\eta \in \mathcal{D}([l,u],\mu,\sigma^2)} \min_{l \leqslant k \leqslant u} \left\{ k + \frac{1}{\alpha}E[\eta - k]_+ \right\}$$

$$= \min_{l \leqslant k \leqslant u} \sup_{F_\eta \in \mathcal{D}([l,u],\mu,\sigma^2)} \left\{ k + \frac{1}{\alpha}E[\eta - k]_+ \right\}$$

$$= \min_{l \leqslant k \leqslant u} h(k)$$

其中，$h(k) = k + \dfrac{1}{\alpha} \sup\limits_{F_\eta \in \mathcal{D}([l,u],\mu,\sigma^2)} E[\eta - k]_+$。

利用文献 [112] 的引理 3 和推论 2.1 可得

$$
\sup_{F_\eta \in \mathcal{D}([l,u],\mu,\sigma^2)} E[\eta - k]_+
$$

$$
= \begin{cases}
\mu - k + \dfrac{(k-l)\sigma^2}{\sigma^2 + (\mu - l)^2}, & l \leqslant k \leqslant k_1 \\[3mm]
\dfrac{\sqrt{\sigma^2 + (\mu - k)^2} + \mu - k}{2}, & k_1 \leqslant k \leqslant k_2 \\[3mm]
\dfrac{(u-k)\sigma^2}{\sigma^2 + (u - \mu)^2}, & k_2 \leqslant k \leqslant u
\end{cases}
$$

其中，$k_1 = \dfrac{\mu^2 + \sigma^2 - l^2}{2(\mu - l)}$；$k_2 = \dfrac{u^2 - \mu^2 - \sigma^2}{2(u - \mu)}$。

下面分析 $h(k)$ 在 $[l, k_1]$、$[k_1, k_2]$ 和 $[k_2, u]$ 上的最下值。

(1) 当 $l \leqslant k \leqslant k_1$ 时，$h(k) = \dfrac{\mu - (1 - \alpha)k}{\alpha} + \dfrac{(k - l)\sigma^2}{\alpha[\sigma^2 + (\mu - l)^2]}$。因为 $h(k)$ 是关于 k 的线性函数，容易证明

$$
\min_{l \leqslant k \leqslant u} h(k) = \begin{cases}
h(l), & \alpha \geqslant \alpha_2 \\
h(k_1), & \alpha < \alpha_2
\end{cases}
$$

(2) 当 $k_1 \leqslant k \leqslant k_2$ 时，$h(k) = k + \dfrac{1}{\alpha} \dfrac{\sqrt{\sigma^2 + (\mu - k)^2} + \mu - k}{2}$ 是关于 k 的凸函数。令 $h'(k^*) = 0$，我们有 $k^* = \dfrac{1 - 2\alpha}{2\sqrt{\alpha(1 - \alpha)}} \sqrt{\sigma^2} + \mu$。

① 当 $\alpha_1 \leqslant \alpha \leqslant \alpha_2$，即 $k_1 \leqslant k^* \leqslant k_2$ 时，那么 $\min\limits_{l \leqslant k \leqslant u} h(k) = h(k^*) = \mu + \dfrac{\sqrt{1 - \alpha}}{\alpha} \sigma$。

② 当 $0 \leqslant \alpha \leqslant \alpha_1$，即 $k^* \geqslant k_2$ 时，那么 $\min\limits_{l \leqslant k \leqslant u} h(k) = h(k_2)$。

③ 当 $\alpha_2 \leqslant \alpha \leqslant 1$，即 $k^* \leqslant k_1$ 时，那么 $\min\limits_{l \leqslant k \leqslant u} h(k) = h(k_1)$。

(3) 当 $k_2 \leqslant k \leqslant b$ 时，那么 $h(k) = k + \dfrac{1}{\alpha} \dfrac{(u - k)\sigma^2}{\sigma^2 + (u - \mu)^2}$ 是关于 k 的线性函数。因此，我们有

$$
\min_{l \leqslant k \leqslant u} h(k) = \begin{cases}
h(u), & \alpha \leqslant \alpha_1 \\
h(k_2), & \alpha > \alpha_1
\end{cases}
$$

因此，$\arg\min\{h(k) : l \leqslant k \leqslant u\} \in \{l, k_1, k^*, k_2, u\}$。当 $0 \leqslant \alpha \leqslant \alpha_1$ 时，我们有 $h(u) \leqslant h(k_1)$ 和 $h(u) \leqslant h(k_2)$；当 $\alpha_1 \leqslant \alpha \leqslant \alpha_2$ 时，我们有 $h(k^*) \leqslant h(k_1)$ 和 $h(k^*) \leqslant h(k_2)$；当 $\alpha_2 \leqslant \alpha \leqslant 1$ 时，我们有 $h(l) \leqslant h(k_1)$ 和 $h(l) \leqslant (k_2)$。定理得证。　　　□

当 $a_{ij} = -\infty$ 和 $b_{ij} = +\infty, ij \in \mathcal{A}$，Scarf 等 [28] 和 Natarajan 等 [87] 给出了 $E[\eta - k]^+$ 的精确等价形式。定理 4.4 将该结果进行了推广，考虑支撑集对目标函数的影响。利用定理 4.4，我们可以得到 $\widehat{\mathrm{RMETT}}_\alpha(x)$ 的解析表达式。

推论 4.1　给定 $x \in X$，如果 $x^{\mathrm{T}}\Sigma x > 0$，并且 $\mathcal{D}([a^{\mathrm{T}}x, b^{\mathrm{T}}x], \mu^{\mathrm{T}}x, x^{\mathrm{T}}\Sigma x) \neq \varnothing$，那么

$$\widehat{\mathrm{RMETT}}_\alpha(x) = \begin{cases} b^{\mathrm{T}}x, & 0 < \alpha \leqslant \alpha_1 \\[2mm] \mu^{\mathrm{T}}x + \sqrt{\dfrac{1-\alpha}{\alpha}}\sqrt{x^{\mathrm{T}}\Sigma x}, & \alpha_1 \leqslant \alpha \leqslant \alpha_2 \\[2mm] \dfrac{\mu^{\mathrm{T}}x - (1-\alpha)a^{\mathrm{T}}x}{\alpha}, & \alpha_2 \leqslant \alpha < 1 \end{cases}$$

其中，$\alpha_1 = \dfrac{x^{\mathrm{T}}\Sigma x}{x^{\mathrm{T}}\Sigma x + (\mu^{\mathrm{T}}x - b^{\mathrm{T}}x)^2}$；$\alpha_2 = \dfrac{(\mu^{\mathrm{T}}x - a^{\mathrm{T}}x)^2}{x^{\mathrm{T}}\Sigma x + (\mu^{\mathrm{T}}x - a^{\mathrm{T}}x)^2}$。

下面分析 $\widehat{\mathrm{RMETT}}$ 和 RMETT 的定量关系，由

$$\mathrm{RMETT}_\alpha(x) = \sup_{F_\xi \in \mathcal{D}} \mathrm{METT}_\alpha(x) = \sup_{F_\eta \in \mathcal{D}_1} \mathrm{CVaR}_\alpha(\eta) \tag{4.30}$$

其中，$\mathcal{D}_1 = \{F_\eta \mid P(\xi \in [a,b]) = 1, E[\xi] = \mu, \mathrm{Cov}(\xi) = \Sigma, \eta = \xi^{\mathrm{T}}x\}$。

利用式 (4.28) 和式 (4.30)，我们只需要分析 $\mathcal{D}_1$ 和 $\mathcal{D}_x$ 的关系。

定理 4.5　对任意 $x \in \mathbf{R}^n_+$，如果 $\Sigma \succ 0$，那么

$$\mathcal{D}_1 \subseteq \mathcal{D}_x \subseteq \mathcal{D}_2$$

其中，$\mathcal{D}_2 = \{F_\eta \mid P(\xi \in S') = 1, E[\xi] = \mu, \mathrm{Cov}(\xi) = \Sigma, \eta = \xi^{\mathrm{T}}x\}$。

$$S' = \left\{\xi \in \mathbf{R}^n : (\xi - \mu)^{\mathrm{T}}\Sigma^{-1}(\xi - \mu) \leqslant n + \frac{\Delta^2}{\lambda_{\min}}\right\}$$

其中，$\lambda_{\min}$ 为 Σ 的最小特征值；$\Delta = \max\{\|b - \mu\|, \|\mu - a\|\}$。

证明　首先，易证 $\mathcal{D}_1 \subseteq \mathcal{D}_x$。事实上，对任意随机变量 η 满足 $F_\eta \in \mathcal{D}_1$，存在随机向量 ξ 满足 $P(\xi_i \in [a_i, b_i]) = 1$、$E[\xi] = \mu$、$\mathrm{Cov}(\xi) = \Sigma$，以及 $\eta = \xi^{\mathrm{T}}x$。因此，我们有 $P(\eta \in [x^{\mathrm{T}}a, x^{\mathrm{T}}b]) = 1$、$E[\eta] = x^{\mathrm{T}}\mu$ 和 $\mathrm{Var}(\eta) = E[x^{\mathrm{T}}(\xi-\mu)(\xi-\mu)^{\mathrm{T}}x] = x^{\mathrm{T}}\Sigma x$，即 $F_\eta \in \mathcal{D}_x$。

然后，证明 $\mathcal{D}_x \subseteq \mathcal{D}_2$。对满足 $F_\eta \in \mathcal{D}_x$ 的随机变量 η，定义如下随机变量 $\eta' = \dfrac{\eta - x^{\mathrm{T}}\mu}{\sqrt{x^{\mathrm{T}}\Sigma x}}$。因此，有 $E[\eta'] = 0$、$\mathrm{Var}(\eta') = 1$，以及

$$\frac{x^{\mathrm{T}}(a - \mu)}{\sqrt{x^{\mathrm{T}}\Sigma x}} \leqslant \eta' \leqslant \frac{x^{\mathrm{T}}(b - \mu)}{\sqrt{x^{\mathrm{T}}\Sigma x}}. \tag{4.31}$$

定义向量 $y = \dfrac{\Sigma^{1/2}x}{\sqrt{x^{\mathrm{T}}\Sigma x}}$，使其满足 $y^{\mathrm{T}}y = 1$。考虑随机向量 $\xi' = (I_n - yy^{\mathrm{T}})\beta + \eta' y$，其中随机变量 β_i 满足 $P(\beta_i = -1) = 0.5$ 和 $P(\beta_i = 1) = 0.5$。因此，$E[\beta_i] = 0$ 和 $\mathrm{Var}(\beta_i) = 1$。进一步，要求随机变量 $\beta_1, \beta_2, \cdots, \beta_n$ 和 η' 相互独立，利用 ξ' 的定义，我们有 $E[\xi'] = 0$ 和 $\mathrm{Cov}(\xi') = (I_n - yy^{\mathrm{T}})E[\beta\beta^{\mathrm{T}}](I_n - yy^{\mathrm{T}}) + E[\eta'^2]yy^{\mathrm{T}} = I_n$。

令 $\xi = \mu + \Sigma^{1/2}\xi'$，下面证明 $x^{\mathrm{T}}\xi = \eta$、$P(\xi \in S') = 1$、$E[\xi] = \mu$ 和 $\mathrm{Cov}(\xi) = \Sigma$。事实上，我们有 $x^{\mathrm{T}}\xi = x^{\mathrm{T}}\mu + x^{\mathrm{T}}\Sigma^{1/2}\xi' = \eta$，其中利用了 $x^{\mathrm{T}}\Sigma^{1/2}(I_n - yy^{\mathrm{T}}) = 0$，$E[\xi] = \mu + \Sigma^{1/2}E[\xi'] = \mu$ 和 $\mathrm{Cov}(\xi) = E[\Sigma^{1/2}\xi'\xi'^{\mathrm{T}}\Sigma^{1/2}] = \Sigma$。因为 $\xi = \mu + \Sigma^{1/2}(I_n - yy^{\mathrm{T}})\beta + \Sigma^{1/2}y\eta'$，所以

$$
\begin{aligned}
(\xi - \mu)^{\mathrm{T}}\Sigma^{-1}(\xi - \mu) &= \beta^{\mathrm{T}}(I_n - yy^{\mathrm{T}})\beta + \eta'^2 \\
&\leqslant \beta^{\mathrm{T}}\beta + \eta'^2 \\
&\leqslant n + \frac{\Delta^2}{\lambda_{\min}}
\end{aligned}
$$

其中，最后一个不等式利用了 $\dfrac{x^{\mathrm{T}}z}{\sqrt{x^{\mathrm{T}}\Sigma x}} \leqslant \dfrac{\|x\|\|z\|}{\|x\|\sqrt{\lambda_{\min}}} = \dfrac{\|z\|}{\sqrt{\lambda_{\min}}}$。 □

定理 4.5 表明，$\mathcal{D}_x$ 包含 $\mathcal{D}_1$，而且 $\mathcal{D}_x$ 是另一个概率分布函数集 $\mathcal{D}_2$ 的子集。

当不考虑支撑集信息时，Chen 等 [21] 和 Popescu[66] 证明了 $\mathcal{D}_1 = \mathcal{D}_x$。考虑一般的支撑集信息时，我们可以证明 $\mathcal{D}_1 \subsetneqq \mathcal{D}_x$[112]。

4.3.2 求解 (P) 的原始估计方法

定理 4.5 表明如下优化问题提供了 (P) 的一个上界，即

$$(\mathrm{UP}) \quad f^* = \min_{x \in X} \widehat{\mathrm{RMETT}}_\alpha(x)$$

因为 $\widehat{\mathrm{RMETT}}_\alpha(x)$ 是关于 x 的分片函数，接下来我们可以进一步将 (UP) 等价转化为两个线性最短路问题和一个均值-标准差最短路问题。

定理 4.6 如果 $\Sigma \succ 0$ 和 $\alpha \in (0,1)$，那么 $f^* = v^*$，其中 $v^* = \min\{v_i^* : i = 1,2,3\}$，即

$$v_1^* = \min_{x \in X} \ b^{\mathrm{T}}x \tag{4.32}$$

$$v_2^* = \min_{x \in X} \ \mu^{\mathrm{T}} x + \sqrt{\frac{1-\alpha}{\alpha}} \sqrt{x^{\mathrm{T}} \Sigma x} \tag{4.33}$$

$$v_3^* = \min_{x \in X} \ \frac{\mu^{\mathrm{T}} x - (1-\alpha) a^{\mathrm{T}} x}{\alpha} \tag{4.34}$$

证明　利用推论 4.1，易知 $f^* \geqslant v^*$。下面证明 $f^* \leqslant v^*$。令 $f_i(x)$ 和 $x_i^* \in X$ ($i = 1, 2, 3$) 为式 (4.32)~ 式 (4.34) 的目标函数及其对应的最优函数值。

如果 $v^* = v_1^*$，利用 $f_1(x_1^*) = v_1^* \leqslant v_2^* \leqslant f_2(x_1^*)$，可得

$$\alpha \leqslant \frac{(x_1^*)^{\mathrm{T}} \Sigma x_1^*}{(x_1^*)^{\mathrm{T}} \Sigma x_1^* + (\mu^{\mathrm{T}} x_1^* - b^{\mathrm{T}} x_1^*)^2}$$

因此，利用推论 4.1，我们有 $f^* \leqslant \widehat{\mathrm{RMETT}}_\alpha(x_1^*) = f_1(x_1^*) = v^*$。

如果 $v^* = v_3^*$，利用 $f_3(x_3^*) = v_3^* \leqslant v_2^* \leqslant f_2(x_3^*)$，我们有

$$\frac{(\mu^{\mathrm{T}} x_3^* - a^{\mathrm{T}} x_3^*)^2}{(x_3^*)^{\mathrm{T}} \Sigma x_3^* + (\mu^{\mathrm{T}} x_3^* - a^{\mathrm{T}} x_3^*)^2} \leqslant \alpha$$

因此，我们有 $f^* \leqslant \widehat{\mathrm{RMETT}}_\alpha(x_3^*) = f_3(x_3^*) = v^*$。

如果 $v^* = v_2^*$，类似地可以证明 $f^* \leqslant \widehat{\mathrm{RMETT}}_\alpha(x_2^*) = f_2(x_2^*) = v^*$。　□

定理 4.6 的结论与定理 2.6 的是一致的。

与基于对偶形式的估计方法相比，本节提出的原始方法更加有效。特别地，线性最短路问题可以由 Dijkstra 算法在 $\mathcal{O}(n + m \log m)$ 时间内求解。对于均值- 标准差最短路问题 (4.33)，第 5 章和第 6 章将针对不同路段旅行时间相互独立和相关两种情况，分别设计有效的求解算法。

4.4　数 值 实 验

本节通过与最小期望时间 (least expected time, LET) 模型的对比，验证鲁棒最短路模型的有效性。所有计算实验均在同一计算机上进行。关于原始、对偶方法在估计精度和计算时间的比较，读者可以参考文献 [112]。

我们在 Anaheim 交通网络上，对比两种模型给出的解的性能。Anaheim 交通网络包含 416 个节点和 914 条边。模型以每条边上的平均旅行时间作为费用，计算得到最小期望旅行时间路径。概率分布函数集采用与文献 [113] 类似的方法得到。ξ_{ij} 的平均旅行时间由相关数据库[114]得到，方差通过如下计算得到，即 $\sigma_{ij} = \mathrm{uniform}(0, \kappa) \mu_{ij}$，其中 κ 是预先设定的最大变异系数，$\mathrm{uniform}(0, \kappa)$ 表示 $[0, \kappa]$ 上的均匀随机变量。ξ_{ij} 的支持集设定为 $a_{ij} = \max\{\mu_{ij} - k_1 \sigma_{ij}, 0\}$ 和 $b_{ij} = \mu_{ij} + k_2 \sigma_{ij} \max\{1, k_1 \sigma_{ij} / \mu_{ij}\}$，其中 k_1 和 k_2 为 $[0.5, 2]$ 上均匀采样得到的，

并且要求 $k_1 k_2 \geqslant 1$，以保证 $\sigma_{ij}^2 \leqslant (\mu_{ij} - a_{ij})(b_{ij} - \mu_{ij})$，即构造的分布函数集非空。协方差矩阵采用文献 [115] 中的 Toeplitz 方法构造。具体而言，首先随机选择最大相关水平 $\rho \in [0,1]$。然后，将节点随机分成 50 组，第 k 组对应的 Toeplitz 结构为

$$
T_k = \begin{bmatrix}
1 & \rho_k & \cdots & \rho_k^{g_k-1} \\
\rho_k & 1 & \cdots & \rho_k^{g_k-2} \\
\vdots & \vdots & & \vdots \\
\rho_k^{g_k-1} & \rho_k^{g_k-2} & \cdots & 1
\end{bmatrix}
$$

其中，g_k 为第 k 组的大小；ρ_k 为 $[-\rho, \rho]$ 上的随机均匀采样值。基本的相关系数矩阵以 $T_1, T_2, \cdots, T_{50}$ 作为对角矩阵块。最后，我们通过引入随机扰动构造一般的相关系数矩阵[115]。

令 x^R 和 x^D 分别为鲁棒路径和 LET 路径，鲁棒路径 x^R 的有效性采用如下相对费用和相对鲁棒性来度量，即

$$
\mathrm{RC} = \frac{\displaystyle\sum_{ij \in \mathcal{A}} \mu_{ij} x_{ij}^R - \sum_{ij \in \mathcal{A}} \mu_{ij} x_{ij}^D}{\displaystyle\sum_{ij \in \mathcal{A}} \mu_{ij} x_{ij}^D} \times 100\%
$$

$$
\mathrm{RB} = \frac{\widehat{\mathrm{RMETT}}_\alpha(x^D) - \widehat{\mathrm{RMETT}}_\alpha(x^R)}{\displaystyle\sum_{ij \in \mathcal{A}} \mu_{ij} x_{ij}^D} \times 100\%
$$

与 LET 路径 x^D 相比，鲁棒路径以增加一定 ETT 的代价来降低鲁棒目标函数值。

在 $\alpha \in \{0.01, 0.03, 0.05, 0.07, 0.09, 0.1, 0.3, 0.5, 0.7, 0.9, 0.91, 0.93, 0.95, 0.97, 0.99\}$、$\rho \in \{0.4, 0.8\}$、$\kappa \in \{0.4, 0.8\}$ 的情况下，测试鲁棒路径的有效性。图 4.1 给出了随机生成 40 个算例的情况下，Anaheim 交通网络鲁棒路径的平均性能。首先，我们观察到在绝大多数情况下，鲁棒路径带来的相对鲁棒性的提高大于鲁棒费用值，尤其当决策者风险厌恶程度较高时。其次，随着 α 的增大，相对费用和相对鲁棒性都减小到零。这与当 $\alpha = 1$，路径的 α-RMETT 退化为平均旅行时间的原理相一致。最后，随着变异系数的增大，相对费用和相对鲁棒性都增大，即当路径旅行时间变动较大时，鲁棒决策模型的最优路径将会变得非常不同。此外，与变异系数相比，不同路径旅行时间的相关性对鲁棒模型的影响较小。

图 4.2 和图 4.3 表明，考虑旅行时间支撑集的必要性。具体而言，对于给定的 α 值，我们随机生成 40 个算例，计算最优解中 $v^* = v_i^*$ 出现的比例，以及 v_i^*，

$i = 1, 2, 3$ 的平均值。图 4.2的结果与 v_i^* 的定义一致。当 α 接近零时，决策者具有很高的风险厌恶水平，非常关注最差的 $100\alpha\%$ 情况下的旅行时间，从而最优的鲁棒路径由 $v^* = v_1^*$ 给出；当 α 接近 1 时，决策者对风险不太敏感，比较在意平均旅行时间，从而最优的鲁棒路径由 $v^* = v_3^*$ 给出；当 $\alpha \in [0.1, 0.91]$ 时，鲁棒路径与均值-标准差最短路一致，即 $v^* = v_2^*$。图 4.3 给出了 v^* 和 v_2^* 平均值，同时表明当 α 接近 0 或者 1 时，v^* 和 v_2^* 相差较大。

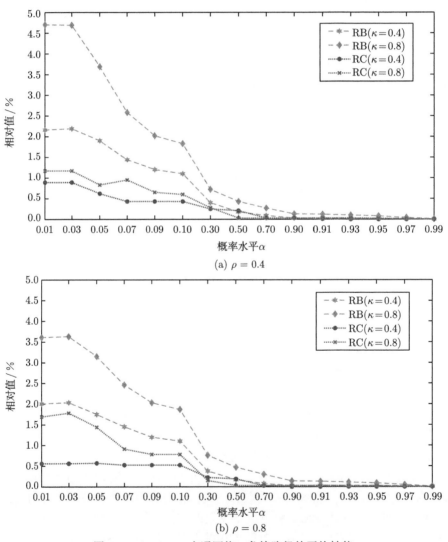

图 4.1　Anaheim 交通网络，鲁棒路径的平均性能

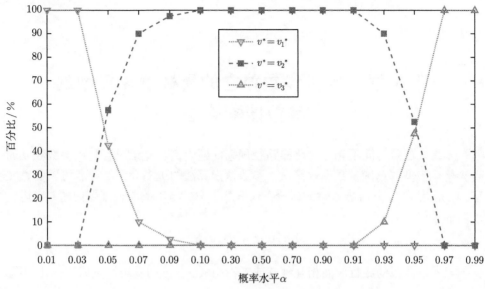

图 4.2 $v^* = v_i^*(i = 1, 2, 3)$ 的比例 $(\rho = 0.4, \kappa = 0.8)$

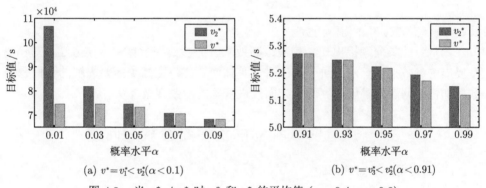

(a) $v^* = v_1^* < v_2^*(\alpha < 0.1)$ (b) $v^* = v_3^* < v_2^*(\alpha < 0.91)$

图 4.3 当 $v^* \neq v_2^*$ 时 v^* 和 v_2^* 的平均值 $(\rho = 0.4, \kappa = 0.8)$

4.5 本 章 小 结

本章介绍基于矩信息的鲁棒路径规划模型，并给出对偶估计方法和原始估计方法来求解该模型。在后续章节中，我们将对原始估计方法中需要求解的均值-标准差最短路问题，设计有效的参数搜索算法和拉格朗日算法 (Lagrangian algorithm, LA)。

第 5 章　随机参数独立的鲁棒优化模型的参数搜索算法

本章以旅行时间不相关的鲁棒路径规划问题为例，介绍求解随机参数独立的鲁棒优化模型的精确参数搜索算法。参数搜索算法的更多介绍，读者可以参考文献 [116]、[117]。根据第 4 章的讨论，求解基于 RCVaR 的路径规划问题时，需要求解的子问题为

$$\min_{x \in X}\ \mu^{\mathrm{T}}x + \theta\sqrt{x^{\mathrm{T}}\Sigma x}$$

当不同路段的旅行时间相互独立或者不相关时，该问题可简化为凹优化问题，即

$$\min_{x \in X}\ \mu^{\mathrm{T}}x + g(x)$$

其中，$g(x) = \theta\sqrt{b^{\mathrm{T}}x}$ 为凹函数。

本章对此类问题提出一种精确、高效求解的参数搜索算法。该方法是对第 3 章提出的参数搜索算法的进一步改进。具体而言，将在减少需要求解的子问题个数、加快子问题的求解速度两个方面改进基本的参数搜索算法。

5.1　旅行时间独立的鲁棒路径规划问题

5.1.1　凹费用的最短路问题

本节考虑更一般的一类凹最短路问题。考虑一个有向、连通图 $G(N, A)$，其节点集合为 N $(|N| = n)$，边集合为 $A(|A| = m)$，假定 P 表示所有从 $s \in N$ 到 $t \in N$ 的无环路径构成的集合。令 (ν_{ij}, μ_{ij}) 为与边 $ij \in A$ 相关的一对非负属性。对任意路径 $p \in P$，定义其标签为 $(\nu(p), \mu(p))$，其中 $\nu(p) = \sum_{ij \in p} \nu_{ij}$、$\mu(p) = \sum_{ij \in p} \mu_{ij}$。

凹费用的最短路问题旨在寻找 $p \in P$ 来最小化一个双变量的凹费用函数，即

$$(\mathrm{P})\quad \min\left\{h(\nu(p)) + \mu(p) : p \in P\right\}$$

其中，$h : \mathbf{R} \to \mathbf{R}$ 为非减的可微凹函数。

经典的均值-标准差路径问题是上述问题的一个特例，其中 $h = \theta\sqrt{x}$ $(\theta \geqslant 0)$，μ_{ij} 和 ν_{ij} 分别代表平均旅行时间和方差[118,119]。

首先, 令 $H = \{(x,y) : x = \nu(p), y = \mu(p), p \in P\} \subseteq \mathbf{R}^2$ 为标签集合, $\mathrm{conv}(H)$ 为 H 的凸包。

定义 5.1　路径 $p \in P$ 支配路径 $p' \in P$ 是指 $\nu(p) \leqslant \nu(p')$, $\mu(p) \leqslant \mu(p')$, 并且 $(\nu(p), \mu(p)) \neq (\nu(p'), \mu(p'))$。

定义 5.2　路径 $p \in P$ 及其标签 $(\nu(p), \mu(p))$ 为非劣 (非支配) 是指不存在其他路径 $p' \in P$ 支配 p。

定义 5.3　非劣路径 $p \in P$ 及其标签 $(\nu(p), \mu(p))$ 称为非劣极点, 如果 $(\nu(p), \mu(p))$ 是 $\mathrm{conv}(H)$ 的极点, 即 $(\nu(p), \mu(p))$ 不属于 $\mathrm{conv}(H)$ 的内部和边界。

令 H_n、$H_e \subseteq H$ 表示非劣标签、非劣极点标签构成的集合, 易知 $H_e \subseteq H_n$。与标签相关集合的图示如图 5.1 所示。

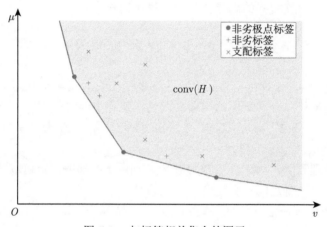

图 5.1　与标签相关集合的图示

5.1.2　模型分析

令 $f(x,y) = h(x) + y$, 因为 $f(x,y)$ 为凹函数, 所以有

$$\min_{p \in P} \left\{ h\big(\nu(p)\big) + \mu(p) \right\} = \min_{(x,y) \in H} f(x,y) = \min_{(x,y) \in \mathrm{conv}(H)} f(x,y)$$

因此, 只需要求解如下优化问题, 即

$$(\mathrm{P1}) \quad \min \left\{ f(x,y) : (x,y) \in \mathrm{conv}(H) \right\}$$

为求解 $(\mathrm{P1})$, 考虑如下参数化子问题, 即

$$(\mathrm{P}_\lambda) \quad \min_{(x,y) \in \mathrm{conv}(H)} \{\lambda x + y\} = \min_{(x,y) \in H} \{\lambda x + y\} = \min_{p \in P} \{\lambda \nu(p) + \mu(p)\}, \quad \lambda \geqslant 0$$

其中, 第二个等式利用线性规划存在最优解在极点处的性质。

　　令 P^* 和 H^* 分别为 (P) 的最优路径集合及其对应的标签集合，P^λ 和 H^λ 为子问题 (P_λ) 的最优路径集合及其对应的标签集合，f^* 为 (P) 的最优目标值。

　　Khani 等 [119] 已经证明 $P^* \subseteq \bigcup\limits_{\lambda \geqslant 0} P^\lambda$，并针对均值-标准差最短路问题设计了非劣极点路径枚举算法。我们利用如下定理，进一步设计更加有效的参数搜索算法。

　　定理 5.1　对任意路径 $p^* \in P^*$ 及其标签 (ν^*, μ^*)，令 $\lambda^* = h'(\nu^*)$，其中 $h'(x)$ 为 h 在 x 处的梯度，那么 $P^{\lambda^*} \subseteq P^*$，并且 $H^{\lambda^*} \subseteq H^*$。

　　定理 5.1 表明 [116]，最优路径 p^* 及其标签 (ν^*, μ^*) 满足 $p^* \in P^{h'(\nu^*)}$。称满足该性质的路径为局部最优路径，即如果一个路径 $p \in P$ 及其标签 (ν, μ) 满足 $p \in P^{h'(\nu)}$，则称局部最优的。下面设计的参数搜索方法将利用梯度和凹性寻找局部最优路径，并利用分支定界的思想找到全局最优的路径。

5.2　单调下降参数搜索

　　本节给出一种基于梯度信息的单调下降搜索 (monotone descent search, MDS) 方法寻找局部最优路径。下面的引理在双目标优化中经常使用。

　　引理 5.1　如果 $\lambda_2 > \lambda_1 \geqslant 0$ 并且 $(x_{\lambda_i}, y_{\lambda_i}) \in H^{\lambda_i}$ $(i = 1, 2)$，那么有 $x_{\lambda_1} \geqslant x_{\lambda_2}$ 和 $y_{\lambda_1} \leqslant y_{\lambda_2}$。

　　下面的定理表明，从任意 $\lambda_1 \geqslant 0$ 出发，利用 f 的梯度信息可以达到某个局部最优路径，并且两者之间不存在全局最优路径。

　　定理 5.2　对任意 $\lambda_1 \geqslant 0$ 和 $(x_{\lambda_1}, y_{\lambda_1}) \in H^{\lambda_1}$，令 $\lambda_2 = h'(x_{\lambda_1})$，那么

　　(1) 对任意 $(x_{\lambda_2}, y_{\lambda_2}) \in H^{\lambda_2}$，则有 $f(x_{\lambda_2}, y_{\lambda_2}) \leqslant f(x_{\lambda_1}, y_{\lambda_1})$。

　　(2) 对任意 $(x_{\lambda_2}, y_{\lambda_2}) \in H^{\lambda_2}$ 和 $(x_\lambda, y_\lambda) \in H^\lambda$，其中 $\min\{\lambda_1, \lambda_2\} < \lambda < \max\{\lambda_1, \lambda_2\}$，则有 $f(x_{\lambda_2}, y_{\lambda_2}) \leqslant f(x_\lambda, y_\lambda)$。

　　(3) 对任意 $(x_{\lambda_2}, y_{\lambda_2}) \in H^{\lambda_2}$，令 $\lambda_3 = h'(x_{\lambda_2})$，如果 $\lambda_2 \geqslant \lambda_1$，那么 $\lambda_3 \geqslant \lambda_2$；否则，$\lambda_3 \leqslant \lambda_2$。

　　证明

　　(1) 利用 h 的凹性，有

$$h(x_{\lambda_2}) \leqslant h(x_{\lambda_1}) + h'(x_{\lambda_1})(x_{\lambda_2} - x_{\lambda_1}) = h(x_{\lambda_1}) + \lambda_2(x_{\lambda_2} - x_{\lambda_1})$$

因为 $(x_{\lambda_2}, y_{\lambda_2}) \in H^{\lambda_2}$，所以 $\lambda_2 x_{\lambda_2} + y_{\lambda_2} \leqslant \lambda_2 x_{\lambda_1} + y_{\lambda_1}$，即 $\lambda_2(x_{\lambda_2} - x_{\lambda_1}) \leqslant y_{\lambda_1} - y_{\lambda_2}$。因此，$h(x_{\lambda_2}) + y_{\lambda_2} \leqslant h(x_{\lambda_1}) + y_{\lambda_1}$，即 $f(x_{\lambda_2}, y_{\lambda_2}) \leqslant f(x_{\lambda_1}, y_{\lambda_1})$。

　　(2) 不失一般性，假设 $\lambda_2 > \lambda_1$，利用引理 5.1，有 $x_{\lambda_1} \geqslant x_\lambda \geqslant x_{\lambda_2}$ 和 $y_{\lambda_1} \leqslant y_\lambda \leqslant y_{\lambda_2}$。因为 h 为凹函数，$h'(x)$ 单调不增，所以 $h'(x_\lambda) \geqslant h'(x_{\lambda_1})$。因此

$$h(x_{\lambda_2}) \leqslant h(x_\lambda) + h'(x_\lambda)(x_{\lambda_2} - x_\lambda) \leqslant h(x_\lambda) + h'(x_{\lambda_1})(x_{\lambda_2} - x_\lambda) = h(x_\lambda) + \lambda_2(x_{\lambda_2} - x_\lambda)$$

因为 $(x_{\lambda_2}, y_{\lambda_2}) \in H^{\lambda_2}$，所以 $\lambda_2(x_{\lambda_2} - x_\lambda) \leqslant y_\lambda - y_{\lambda_2}$。因此，$h(x_{\lambda_2}) + y_{\lambda_2} \leqslant h(x_\lambda) + y_\lambda$，即 $f(x_{\lambda_2}, y_{\lambda_2}) \leqslant f(x_\lambda, y_\lambda)$。利用类似的分析，当 $\lambda_1 > \lambda_2$ 时，$f(x_{\lambda_2}, y_{\lambda_2}) \leqslant f(x_\lambda, y_\lambda)$。

(3) 如果 $\lambda_2 > \lambda_1$，利用引理 5.1，有 $x_{\lambda_1} \geqslant x_{\lambda_2}$，利用 h 的凹性，有 $\lambda_3 = h'(x_{\lambda_2}) \geqslant h'(x_{\lambda_1}) = \lambda_2$。如果 $\lambda_2 > \lambda_1$，有 $\lambda_3 \leqslant \lambda_2$。 □

定理 5.2 的第一部分表明，基于 f 在 $(x_{\lambda_1}, y_{\lambda_1})$ 处的梯度信息定义的参数化子问题的最优解 $(x_{\lambda_2}, y_{\lambda_2})$ 的目标值要优于 $(x_{\lambda_1}, y_{\lambda_1})$ 的目标值。第二部分表明，对于区间 $(\min\{\lambda_1, \lambda_2\}, \max\{\lambda_1, \lambda_2\})$ 的 λ，其对应子问题的最优解 P^λ 不会比 $(x_{\lambda_2}, y_{\lambda_2})$ 更好，因此不必考虑该区间包含的参数值。

算法 2 给出了单调搜索算法的伪代码。在每一次迭代中，算法 2 改进当前解或者返回一个局部最优解。因为极点的个数是有限的，所以算法在有限步内终止。图 5.2 给出了算法 2 的图示。

算法 2　单调搜索算法 MDS(λ_0)

输入：$\lambda_0 \geqslant 0$。

输出：$\bar{\lambda} \geqslant 0$, $(x_{\bar{\lambda}}, y_{\bar{\lambda}}) \in H^{\bar{\lambda}}$, $p^{\bar{\lambda}} \in P^{\bar{\lambda}}$, $(x_{\lambda_0}, y_{\lambda_0}) \in H^{\lambda_0}$ 及 $p^{\lambda_0} \in P^{\lambda_0}$。

步骤 1，令 $k = 1$，通过求解 (P$_{\lambda_0}$) 得到 $(x_{\lambda_0}, y_{\lambda_0}) \in H^{\lambda_0}$，以及 $p^{\lambda_0} \in P^{\lambda_0}$。

步骤 2，令 $\lambda_k = h'(\lambda_{k-1})$，通过求解 (P$_{\lambda_k}$) 得到 $(x_{\lambda_k}, y_{\lambda_k}) \in H^{\lambda_k}$ 和 $p^{\lambda_k} \in P^{\lambda_k}$。

步骤 3，如果 $\lambda_k = \lambda_{k-1}$，那么跳到步骤 4；否则，令 $k = k+1$，跳到步骤 2。

步骤 4，返回 $\bar{\lambda} = \lambda_k$, $(x_{\bar{\lambda}}, y_{\bar{\lambda}}) = (x_{\lambda_k}, y_{\lambda_k})$、$p^{\bar{\lambda}} = p^{\lambda_k}$, $(x_{\lambda_0}, y_{\lambda_0})$ 和 p^{λ_0}。

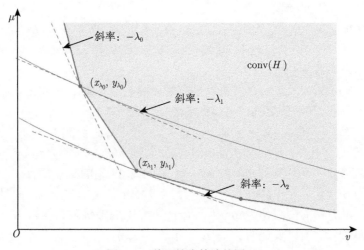

图 5.2　单调搜索算法的图示

5.3　交叉点参数搜索方法

单调搜索算法会在某个局部最优路径处停止。为了从局部最优路径处跳出，本节进一步设计了基于双向搜索策略的交叉点搜索方法。该方法同时从初始区间 $[\lambda_l, \lambda_u]$ 的左右两个方向进行搜索，并利用一侧得到的当前最优路径信息加速另一侧的搜索过程。

为设计交叉点搜索方法，首先引入一些相关符号。假定 $\lambda_l \leqslant \lambda_u$、$(x_{\lambda_l}, y_{\lambda_l}) \in H^{\lambda_l}$、$(x_{\lambda_u}, y_{\lambda_u}) \in H^{\lambda_u}$，令直线 $L_l : \lambda_l x + y = R_l$ 和 $L_u : \lambda_u x + y = R_u$ 的交叉点为 (x_c, y_c)，其中 $x_c = \dfrac{R_u - R_l}{\lambda_u - \lambda_l}$，$y_c = \dfrac{R_l \lambda_u - R_u \lambda_l}{\lambda_u - \lambda_l}$，$R_l = \lambda_l x_{\lambda_l} + y_{\lambda_l}$，$R_u = \lambda_u x_{\lambda_u} + y_{\lambda_u}$。利用 $(x_{\lambda_l}, y_{\lambda_l})$ 和 $(x_{\lambda_u}, y_{\lambda_u})$ 的定义，以及引理 5.1，易知 $x_{\lambda_l} \geqslant x_c \geqslant x_{\lambda_u}$ 和 $y_{\lambda_l} \leqslant y_c \leqslant y_{\lambda_u}$。令 $f_{\mathrm{up}} = \min\{f(x_{\lambda_l}, y_{\lambda_l}), f(x_{\lambda_u}, y_{\lambda_u})\}$，$f_{\mathrm{low}} = \min\{f(x_{\lambda_l}, y_{\lambda_l}), f(x_c, y_c), f(x_{\lambda_u}, y_{\lambda_u})\}$。令 $f(x, y)$ 在 f_{up} 处的等值线为 $C : f(x, y) = f_{\mathrm{up}}$。

下面的定理表明，可以利用 L_l 和 L_u 的交点、L_l 和 C 的交点，以及 L_u 和 C 的交点来设计参数搜索算法。

定理 5.3　假设存在 $(\nu^*, \mu^*) \in H^*$，使得 $\lambda^* = h'(\nu^*) \in [\lambda_l, \lambda_u]$ 和 $\nu^* \in [x_{\lambda_u}, x_{\lambda_l}]$。

(1) 如果 $f_{\mathrm{low}} \geqslant f_{\mathrm{up}}$，那么 $f_{\mathrm{up}} = f^*$。

(2) 如果 $f(x_c, y_c) < f(x_{\lambda_l}, y_{\lambda_l}) < f(x_{\lambda_u}, y_{\lambda_u})$，那么存在 L_u 和 C 的交点 (x_m, y_m) 满足 $x_m \in [x_{\lambda_u}, x_c]$。假定 (x_m, y_m) 为最靠右侧交点，我们有 $\lambda^* \in [\lambda_l, h'(x_m)]$，而且 $h'(x_m) \leqslant \lambda_u$。

(3) 如果 $f(x_c, y_c) < f(x_{\lambda_u}, y_{\lambda_u}) < f(x_{\lambda_l}, y_{\lambda_l})$，那么存在 L_l 和 C 的交点 (x_m, y_m) 满足 $x_m \in [x_c, x_{\lambda_l}]$。假定 (x_m, y_m) 为最靠左侧交点，我们有 $\lambda^* \in [h'(x_m), \lambda_u]$，而且 $h'(x_m) \geqslant \lambda_l$。

证明　(1) 因为 $f_{\mathrm{up}} \geqslant f^*$，所以只需要证明 $f_{\mathrm{low}} \leqslant f^*$。事实上，利用 f 的凹性，以及 H^{λ_l} 和 H^{λ_u} 的定义，可以证明该结论[120]。

(2) 令 $\delta(x) = h(x) - \lambda_u x + R_u - f_{\mathrm{up}} = h(x) - \lambda_u x + R_u - f(x_{\lambda_l}, y_{\lambda_l})$，因为 $\delta(x_{\lambda_u}) = f(x_{\lambda_u}, y_{\lambda_u}) - f(x_{\lambda_l}, y_{\lambda_l}) > 0$、$\delta(x_c) = f(x_c, y_c) - f(x_{\lambda_l}, y_{\lambda_l}) < 0$，以及 $\delta(x)$ 的连续性，所以满足 $x_m \in [x_{\lambda_u}, x_c]$ 的 L_u 和 C 的交点集合非空。该集合可以表示为 $S = \{(x, y) : \delta(x) = 0, y = R_u - \lambda_u x, x_{\lambda_u} \leqslant x \leqslant x_c\}$，并且是有界闭集。因此，最右侧的交点作为 $\max\{x : (x, y) \in S\}$ 的最优解存在。

因为 h' 非增，所以要证明 $\lambda^* = h'(\nu^*) \leqslant h'(x_m)$，只需要证明 $\nu^* \geqslant x_m$。为此，将证明对任意满足 $x_{\lambda_u} \leqslant \nu' \leqslant x_m$ 的 $(\nu', \mu') \in H$，有 $f(\nu', \mu') \geqslant f(x_{\lambda_l}, y_{\lambda_l})$。事实上，利用 H^{λ_u} 的定义，有 $\lambda_u \nu' + \mu' \geqslant \lambda_u x_{\lambda_u} + y_{\lambda_u}$。因此，$f(\nu', \mu') = h(\nu') + \mu' \geqslant$

$h(\nu') + \widehat{\mu} = f(\nu', \widehat{\mu})$，其中 $\widehat{\mu} = \lambda_u x_{\lambda_u} + y_{\lambda_u} - \lambda_u \nu'$。因为 $\lambda_u \nu' + \widehat{\mu} = \lambda_u x_{\lambda_u} + y_{\lambda_u}$，所以 $(\nu', \widehat{\mu})$ 位于直线 L_u，并且在 $(x_{\lambda_u}, y_{\lambda_u})$ 和 (x_m, y_m) 之间。利用 h 的凹性，有 $f(\nu', \mu') \geqslant f(\nu', \widehat{\mu}) \geqslant \min\{f(x_{\lambda_u}, y_{\lambda_u}), f(x_m, y_m)\} = f(x_m, y_m) = f(x_{\lambda_l}, y_{\lambda_l})$。

最终，利用反证法证明 $h'(x_m) \leqslant \lambda_u$。假定 $h'(x_m) > \lambda_u$，对任意的 $x \in [x_{\lambda_u}, x_m]$，$h'(x) \geqslant h'(x_m) > \lambda_u$。因此，$\delta(x_m) = \delta(x_{\lambda_u}) + \int_{x_{\lambda_u}}^{x_m} \delta'(x)\mathrm{d}x = \delta(x_{\lambda_u}) + \int_{x_{\lambda_u}}^{x_m} (h'(x) - \lambda_u)\mathrm{d}x \geqslant \delta(x_{\lambda_u}) > 0$，这与 $\delta(x_m) = 0$ 矛盾。类似地，可以证明 (3)。 □

定理 5.3 表明，f 在 (x_m, y_m) 处的梯度同样可以用来引导参数搜索。图 5.3 给出了当 $f(x_c, y_c) < f(x_{\lambda_l}, y_{\lambda_l}) < f(x_{\lambda_u}, y_{\lambda_u})$ 时交点的图示。

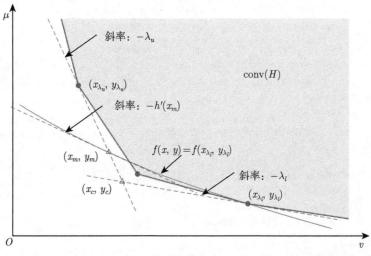

图 5.3　当 $f(x_c, y_c) < f(x_{\lambda_l}, y_{\lambda_l}) < f(x_{\lambda_u}, y_{\lambda_u})$ 时交点的图示

为了利用交叉点的特性，需要计算 C 与 L_l、L_u 的交点。一般情况下，这些交点可以解析得到或者通过数值方法得到。例如，对于均值-标准差最短路问题，$h(x) = \theta\sqrt{x}$ $(\theta \geqslant 0)$，L_u 和 C 满足 $x_m \in [x_{\lambda_u}, x_c]$ 的最右侧交点 (x_m, y_m) 为

$$\begin{cases} x_m = \dfrac{\left(\theta + \sqrt{\theta^2 - 4\lambda_u a_u}\right)^2}{4\lambda_u^2} \\ y_m = R_u - \lambda_u x_m \end{cases}$$

其中，$a_u = f(x_{\lambda_l}, y_{\lambda_l}) - R_u$。

L_l 和 C 满足 $x_m \in [x_c, x_{\lambda_l}]$ 的最左侧交点 (x_m, y_m) 为

$$
\begin{cases}
x_m = \dfrac{\left(\theta - \sqrt{\theta^2 - 4\lambda_l a_l}\right)^2}{4\lambda_l^2} \\[3mm]
y_m = R_l - \lambda_l x_m
\end{cases}
$$

其中，$a_l = f(x_{\lambda_u}, y_{\lambda_u}) - R_l$。

　　算法 3 给出了交叉点搜索算法的伪代码。该算法将单调下降搜索作为子程序进行调用。算法 3 将区间 $[\lambda_l, \lambda_u]$ 作为其输入，利用单调下降搜索更新当前最优解较好的一侧，并利用交叉点引导另一侧的参数搜索。当算法 3 终止时，若 Solved = true，则返回 (P1) 的最优解；否则，返回一个压缩后的区间。

算法 3　交叉点搜索算法: IPS($[\lambda_l, \lambda_u], p^{\lambda_l}, p^{\lambda_u}, (x_{\lambda_l}, y_{\lambda_l}), (x_{\lambda_u}, y_{\lambda_u})$)

输入: $[\lambda_l, \lambda_u]$, $p^{\lambda_l} \in P^{\lambda_l}$, $p^{\lambda_u} \in P^{\lambda_u}$, $(x_{\lambda_l}, y_{\lambda_l}) \in H^{\lambda_l}$ 和 $(x_{\lambda_u}, y_{\lambda_u}) \in H^{\lambda_u}$

输出: Solved, f_{up}, $\bar{p}$, $[\lambda_l, \lambda_u]$, p^{λ_l}, p^{λ_u}, $(x_{\lambda_l}, y_{\lambda_l})$ 和 $(x_{\lambda_u}, y_{\lambda_u})$

步骤 1, 若 $\lambda_u \leqslant \lambda_l$，那么令 Solved = true，跳到步骤 3; 否则，若 $f(x_c, y_c) \geqslant \min\{f(x_{\lambda_l}, y_{\lambda_l}),$
　　　$f(x_{\lambda_u}, y_{\lambda_u})\}$，那么 Solved = true，跳到步骤 3; 否则，令 Solved = false，跳到步骤 2。

步骤 2, 基于递归的单调下降搜索。

　步骤 2.1, $f(x_{\lambda_l}, y_{\lambda_l}) < f(x_{\lambda_u}, y_{\lambda_u})$。

　　　若 $\lambda_l < h'(x_{\lambda_l})$，则调用 MDS($h'(x_{\lambda_l})$)，更新 $\lambda_l = \bar{\lambda}$, $p^{\lambda_l} = p^{\bar{\lambda}}$, $(x_{\lambda_l}, y_{\lambda_l}) = (x_{\bar{\lambda}}, y_{\bar{\lambda}})$。

　　　计算 L_u 和 C 满足 $x_m \in [x_{\lambda_u}, x_c]$ 的交点 (x_m, y_m)。

　　　令 $\lambda_u = h'(x_m)$，计算 $p^{\lambda_u} \in P^{\lambda_u}$ 和 $(x_{\lambda_u}, y_{\lambda_u}) \in H^{\lambda_u}$，调用 IPS($[\lambda_l, \lambda_u], p^{\lambda_l},$
　　　$p^{\lambda_u}, (x_{\lambda_l}, y_{\lambda_l}), (x_{\lambda_u}, y_{\lambda_u})$)。

　步骤 2.2, $f(x_{\lambda_l}, y_{\lambda_l}) > f(x_{\lambda_u}, y_{\lambda_u})$。

　　　若 $\lambda_u > h'(x_{\lambda_u})$，则调用 MDS($h'(x_{\lambda_u})$)，更新 $\lambda_u = \bar{\lambda}$, $p^{\lambda_u} = p^{\bar{\lambda}}$, $(x_{\lambda_u}, y_{\lambda_u}) =$
　　　$(x_{\bar{\lambda}}, y_{\bar{\lambda}})$。

　　　计算 L_l 和 C 满足 $x_m \in [x_c, x_{\lambda_l}]$ 的交点 (x_m, y_m)。

　　　令 $\lambda_l = h'(x_m)$，计算 $p^{\lambda_l} \in P^{\lambda_l}$ 和 $(x_{\lambda_l}, y_{\lambda_l}) \in H^{\lambda_l}$，调用 IPS($[\lambda_l, \lambda_u], p^{\lambda_l},$
　　　$p^{\lambda_u}, (x_{\lambda_l}, y_{\lambda_l}), (x_{\lambda_u}, y_{\lambda_u})$)。

　步骤 2.3, $f(x_{\lambda_l}, y_{\lambda_l}) = f(x_{\lambda_u}, y_{\lambda_u})$。

　　　若 $\lambda_l < h'(x_{\lambda_l})$，则调用 MDS($h'(x_{\lambda_l})$)，令 $\lambda_l = \bar{\lambda}$, $p^{\lambda_l} = p^{\bar{\lambda}}$, $(x_{\lambda_l}, y_{\lambda_l}) = (x_{\bar{\lambda}}, y_{\bar{\lambda}})$。

　　　若 $\lambda_u > h'(x_{\lambda_u})$，则调用 MDS($h'(x_{\lambda_u})$)，令 $\lambda_u = \bar{\lambda}$, $p^{\lambda_u} = p^{\bar{\lambda}}$, $(x_{\lambda_u}, y_{\lambda_u}) = (x_{\bar{\lambda}}, y_{\bar{\lambda}})$。

　　　若 $f(x_{\lambda_l}, y_{\lambda_l}) \neq f(x_{\lambda_u}, y_{\lambda_u})$，则 IPS($[\lambda_l, \lambda_u], p^{\lambda_l}, p^{\lambda_u}, (x_{\lambda_l}, y_{\lambda_l}), (x_{\lambda_u}, y_{\lambda_u})$); 否则，
　　　计算交点 (x_c, y_c)，并执行步骤 3。

步骤 3, 若 $f(x_{\lambda_l}, y_{\lambda_l}) \leqslant f(x_{\lambda_u}, y_{\lambda_u})$，那么 $f_{\text{up}} = f(x_{\lambda_l}, y_{\lambda_l})$、$\bar{p} = p^{\lambda_l}$;否则,$f_{\text{up}} = f(x_{\lambda_u}, y_{\lambda_u})$,
　　　$\bar{p} = p^{\lambda_u}$。若 $f_{\text{up}} \leqslant f(x_c, y_c)$ 或 $\lambda_u \leqslant \lambda_l$，令 Solved = true。返回 Solved、f_{up}、$\bar{p}$、$[\lambda_l, \lambda_u]$、
　　　p^{λ_l}、p^{λ_u}、$(x_{\lambda_l}, y_{\lambda_l})$ 和 $(x_{\lambda_u}, y_{\lambda_u})$。

　　本节提出的交叉点搜索算法具有两方面的优势。一方面，该算法利用一侧的搜索结果加速另一侧的搜索，可以大大减少参数子问题的个数。另一方面，只有两侧搜索均停留在局部最优路径，而且这两个路径对应的目标函数值相等时，算

法才终止。在实际计算中，出现这种情况往往意味着两侧搜索收敛到相同的局部最优路径，即已经获得全局最优路径。实际的数值实验也验证了这一点。

5.4 改进的区间参数搜索

为了从理论上保证参数搜索方法可以给出全局最优解，下面进一步改进基本的区间搜索方法，提出一种改进的区间参数搜索方法。基本的区间搜索可以参见前面章节的讨论或者文献 [96]。

为了改进区间参数搜索，首先注意到当 (P1) 的上界 $f_{\rm up}$ 满足 $f(x_c, y_c) < f_{\rm up} < \min\{f(x_{\lambda_l}, y_{\lambda_l}), f(x_{\lambda_u}, y_{\lambda_u})\}$ 时，可以改进交叉点搜索方法。具体而言，利用与证明定理 5.3 类似的方法，可以证明如果存在标签 $(\nu^*, \mu^*) \in H^*$，使 $\lambda^* = h'(\nu^*) \in [\lambda_l, \lambda_u]$ 和 $\nu^* \in [x_{\lambda_u}, x_{\lambda_l}]$，那么 $x_{m1} \leqslant \nu^* \leqslant x_{m2}$，并且 $h'(x_{m2}) \leqslant \lambda^* \leqslant h'(x_{m1})$，其中 (x_{m1}, y_{m1}) 是 L_u 和 C 满足 $x_{m1} \in [x_{\lambda_u}, x_c]$ 的最右侧交点，(x_{m2}, y_{m2}) 是 L_l 和 C 满足 $x_{m2} \in [x_c, x_{\lambda_l}]$ 的最左侧交点 (图 5.4)。这一观察可以用来加速参数搜索过程。下面进一步提出一种改进的交叉点搜索方法 (算法 4)。

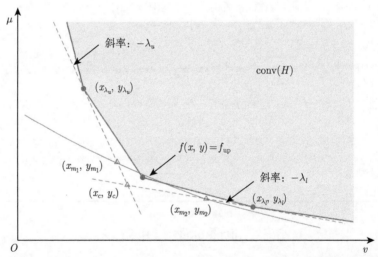

图 5.4　当 $f(x_c, y_c) < f_{\rm up} < \min\{f(x_{\lambda_l}, y_{\lambda_l}), f(x_{\lambda_u}, y_{\lambda_u})\}$ 时，改进的交叉点搜索方法

改进的区间搜索的伪代码参见算法 5。在步骤 2 中，可以采用经典的宽度优先、深度优先等策略选择下一个探索的区间。在步骤 3 中，算法 5 将当前区间划分为两个子区间。因为极点路径的有限性，所以算法在有限步内终止。

算法 4   改进的交叉点搜索: MIPS$(f_{\mathrm{up}}, \bar{p}, [\lambda_l, \lambda_u], p^{\lambda_l}, p^{\lambda_u}, (x_{\lambda_l}, y_{\lambda_l}), (x_{\lambda_u}, y_{\lambda_u}))$

输入: f_{up}, $\bar{p}$, $[\lambda_l, \lambda_u]$, $p^{\lambda_l} \in P^{\lambda_l}$, $p^{\lambda_u} \in P^{\lambda_u}$, $(x_{\lambda_l}, y_{\lambda_l}) \in H^{\lambda_l}$, $(x_{\lambda_u}, y_{\lambda_u}) \in H^{\lambda_u}$。

输出: Solved, f_{up}, $\bar{p}$, $[\lambda_l, \lambda_u]$, p^{λ_l}, p^{λ_u}, $(x_{\lambda_l}, y_{\lambda_l})$, $(x_{\lambda_u}, y_{\lambda_u})$。

步骤 1, 当 $f_{\mathrm{up}} < \min\{f(x_{\lambda_l}, y_{\lambda_l}), f(x_{\lambda_u}, y_{\lambda_u})\}$ 时, 计算交叉点 (x_c, y_c)。

若 $f(x_c, y_c) \geqslant f_{\mathrm{up}}$, 那么 Solved = true, 跳到步骤 3; 计算 L_u 和 C 满足 $x_{m1} \in [x_{\lambda_u}, x_c]$ 的最右侧交点 (x_{m1}, y_{m1}); 令 $\lambda_u = h'(x_{m1})$, 计算 $p^{\lambda_u} \in P^{\lambda_u}$ 和 $(x_{\lambda_u}, y_{\lambda_u}) \in H^{\lambda_u}$。计算 L_l 和 C 满足 $x_{m2} \in [x_c, x_{\lambda_l}]$ 的最左侧的交点 (x_{m2}, y_{m2}); 令 $\lambda_l = h'(x_{m2})$, 计算 $p^{\lambda_l} \in P^{\lambda_l}$ 和 $(x_{\lambda_l}, y_{\lambda_l}) \in H^{\lambda_l}$。

步骤 2, 调用 IPS$([\lambda_l, \lambda_u], p^{\lambda_l}, p^{\lambda_u}, (x_{\lambda_l}, y_{\lambda_l}), (x_{\lambda_u}, y_{\lambda_u}))$。

步骤 3, 返回 Solved、f_{up}、$\bar{p}$、$[\lambda_l, \lambda_u]$、p^{λ_l}、p^{λ_u}、$(x_{\lambda_l}, y_{\lambda_l})$、$(x_{\lambda_u}, y_{\lambda_u})$。

算法 5   改进的区间参数搜索

步骤 1, 计算初始区间 $[\lambda_L, \lambda_U]$。

计算 $p^{\lambda_L} \in P^{\lambda_L}$ 和 $(x_{\lambda_L}, y_{\lambda_L}) \in H^{\lambda_L}$。

计算 $p^{\lambda_U} \in P^{\lambda_U}$ 和 $(x_{\lambda_U}, y_{\lambda_U}) \in H^{\lambda_U}$。

调用 IPS$([\lambda_L, \lambda_U], p^{\lambda_L}, p^{\lambda_U}, (x_{\lambda_L}, y_{\lambda_L}), (x_{\lambda_U}, y_{\lambda_U}))$ 得到 Solved、f_{up}、$\bar{p}$、$[\lambda_l, \lambda_u]$、p^{λ_l}、p^{λ_u}、$(x_{\lambda_l}, y_{\lambda_l})$、$(x_{\lambda_u}, y_{\lambda_u})$。

若 Solved=true, 则跳到步骤 4; 否则, 令 $I = \{[\lambda_l, \lambda_u]\}$。

步骤 2, 若 $I = \varnothing$, 则跳到步骤 4; 否则, 从 I 中选择并移除 $[\lambda_l, \lambda_u]$。

步骤 3, 令 $\lambda_m = \dfrac{y_{\lambda_u} - y_{\lambda_l}}{x_{\lambda_l} - x_{\lambda_u}}$; 计算 $p^{\lambda_m} \in P^{\lambda_m}$ 和 $(x_{\lambda_m}, y_{\lambda_m}) \in H^{\lambda_m}$。

调用 MIPS$(f_{\mathrm{up}}, \bar{p}, [\lambda_l, \lambda_m], p^{\lambda_l}, p^{\lambda_m}, (x_{\lambda_l}, y_{\lambda_l}), (x_{\lambda_m}, y_{\lambda_m}))$ 得到 Solved、f'_{up}、$\bar{p}'$、$[\lambda'_l, \lambda'_u]$、$p^{\lambda'_l}$、$p^{\lambda'_u}$、$(x_{\lambda'_l}, y_{\lambda'_l})$、$(x_{\lambda'_u}, y_{\lambda'_u})$。

若 $f'_{\mathrm{up}} < f_{\mathrm{up}}$, 则 $f_{\mathrm{up}} = f'_{\mathrm{up}}$ 和 $\bar{p} = \bar{p}'$。若 Sovled=false, 令 $I = I \cup \{[\lambda'_l, \lambda'_u]\}$。

调用 MIPS$(f_{\mathrm{up}}, \bar{p}, [\lambda_m, \lambda_u], p^{\lambda_m}, p^{\lambda_u}, (x_{\lambda_m}, y_{\lambda_m}), (x_{\lambda_u}, y_{\lambda_u}))$ 得到 Solved、f'_{up}、$\bar{p}'$、$[\lambda'_l, \lambda'_u]$、$p^{\lambda'_l}$、$p^{\lambda'_u}$、$(x_{\lambda'_l}, y_{\lambda'_l})$、$(x_{\lambda'_u}, y_{\lambda'_u})$。

若 $f'_{\mathrm{up}} < f_{\mathrm{up}}$, 则 $f_{\mathrm{up}} = f'_{\mathrm{up}}$ 和 $\bar{p} = \bar{p}'$。若 Sovled=false, 则 $I = I \cup \{[\lambda'_l, \lambda'_u]\}$。

跳到步骤 2。

步骤 4, 返回 f_{up} 和 $\bar{p}$。

5.5   加速标签修正算法

参数搜索算法需要求解一系列参数化的最短路问题, 而且这些最短路问题具有类似的费用。本节提出一种求解这些参数化子问题的加速标签修正 (labeling correcting, LC) 算法。该算法利用先前求解的最短路问题的最优标号信息, 加速后续相关最短路问题对当前的求解。

经典的标签修正算法可以在多项式时间内求解不存在负环的最短路问题。具体而言, 标签修正算法采用一个候选节点列表 V, 并为每一个节点指派一个距离标签 d_i。该标签指示从 s 到 i 的最短路的上界。标签修正算法不断更新距离标签, 直到所有距离标签均等于从 s 到 i 的最短路长度。标签修正算法在初始阶段设定 $V = \{s\}$、$d_s = 0$，并对所有 $i \in N \setminus \{s\}$，令 $d_i = +\infty$。然后，算法从 V 中选择并移除一个节点 i。对所有满足 $ij \in A$，以及 $d_i + c_{ij} < d_j$ 的节点 $j \in N$，更新其距离标签 $d_j = d_i + c_{ij}$，并令 $V = V \cup \{j\}$。当 $V = \varnothing$ 时，算法终止，并且对任意 $i \in N$，d_i 为从 s 到 i 的最短路长度。标签修正算法的计算性能取决于更新距离标签的次数。下面提出一种加速方法来减少距离标签的更新次数。

考虑参数化的图 $G^{\lambda_k}(N, A)$，其中边 $ij \in A$ 对应的费用为 $\lambda_k \nu_{ij} + \mu_{ij}$。令 p_{it}^k 为 $G(\lambda_k)$ 上从 i 到 t 的最短路。令 p_{it}^k 的标签为 $(\nu(p_{it}^k), \mu(p_{it}^k))$，其中 $\nu(p_{it}^k) = \sum\limits_{lj \in p_{it}^k} \nu_{lj}$ 和 $\mu(p_{it}^k) = \sum\limits_{lj \in p_{it}^k} \mu_{lj}$。记图 $G^{\lambda_k}(N, A)$ 上从 i 到 t 的最短距离为 $d_{it}^{\lambda_k} = \lambda_k \nu(p_{it}^k) + \mu(p_{it}^k)$。下面的定理给出了如何利用相邻的两个参数化图 $G^{\lambda_1}(N, A)$ 和 $G^{\lambda_2}(N, A)$ 上的最短路来估计参数化图 $G^{\lambda}(N, A)$ 上距离标签 d_{it}^{λ} 的上下界，其中 $\lambda \in [\lambda_1, \lambda_2]$。

定理 5.4 对任意 $\lambda \in [\lambda_1, \lambda_2]$ 和 $i \in N$，有

$$\lambda \nu_i + \mu_i \leqslant d_{it}^{\lambda} \leqslant \min\{\lambda \nu(p_{it}^1) + \mu(p_{it}^1), \lambda \nu(p_{it}^2) + \mu(p_{it}^2)\}$$

其中，$\nu_i = \dfrac{d_{it}^{\lambda_2} - d_{it}^{\lambda_1}}{\lambda_2 - \lambda_1}$；$\mu_i = \dfrac{\lambda_2 d_{it}^{\lambda_1} - \lambda_1 d_{it}^{\lambda_2}}{\lambda_2 - \lambda_1}$。

进一步，如果 $\lambda_3 \leqslant \lambda_1 \leqslant \lambda \leqslant \lambda_2 \leqslant \lambda_4$，那么

$$\min\{\lambda \nu(p_{it}^1) + \mu(p_{it}^1), \lambda \nu(p_{it}^2) + \mu(p_{it}^2)\} \leqslant \min\{\lambda \nu(p_{it}^3) + \mu(p_{it}^3), \lambda \nu(p_{it}^4) + \mu(p_{it}^4)\} \tag{5.1}$$

$$\lambda \nu_i + \mu_i \geqslant \lambda \nu_i' + \mu_i' \tag{5.2}$$

其中，$\nu_i' = \dfrac{d_{it}^{\lambda_4} - d_{it}^{\lambda_3}}{\lambda_4 - \lambda_3}$；$\mu_i' = \dfrac{\lambda_4 d_{it}^{\lambda_3} - \lambda_3 d_{it}^{\lambda_4}}{\lambda_4 - \lambda_3}$。

证明 因为 p_{it}^1 和 p_{it}^2 均为从 i 到 t 的可行路径，易知 $\min\{\lambda \nu(p_{it}^1) + \mu(p_{it}^1), \lambda \nu(p_{it}^2) + \mu(p_{it}^2)\}$ 为 d_{it}^{λ} 的上界。对任意路径 $p_{it} \in P_{it}$ 及其标签 $(\nu(p_{it}), \mu(p_{it}))$，利用 p_{it}^1 和 p_{it}^2 的最优性，有 $\lambda_1 \nu(p_{it}) + \mu(p_{it}) \geqslant d_{it}^{\lambda_1}$ 和 $\lambda_2 \nu(p_{it}) + \mu(p_{it}) \geqslant d_{it}^{\lambda_2}$。因此，$d_{it}^{\lambda}$ 的下界可以由以下线性优化问题给出，即

$$\min\{\lambda x + y : \lambda_1 x + y \geqslant d_{it}^{\lambda_1}, \lambda_2 x + y \geqslant d_{it}^{\lambda_2}, (x, y) \in \mathbf{R}^2\}$$

因为 $\lambda_1 \leqslant \lambda \leqslant \lambda_2$，该问题的一个最优解为 $(x^*, y^*) = (\nu_i, \mu_i)$，从而 $\lambda \nu_i + \mu_i \leqslant d_{it}^{\lambda}$。

为证明式 (5.1)，只需要证明 $\lambda \nu(p_{it}^1) + \mu(p_{it}^1) \leqslant \lambda \nu(p_{it}^3) + \mu(p_{it}^3)$ 和 $\lambda \nu(p_{it}^2) + \mu(p_{it}^2) \leqslant \lambda \nu(p_{it}^4) + \mu(p_{it}^4)$。利用 p_{it}^1 的最优性，有 $\lambda_1 \nu(p_{it}^1) + \mu(p_{it}^1) \leqslant \lambda_1 \nu(p_{it}^3) + \mu(p_{it}^3)$，

即 $\mu(p_{it}^1) - \mu(p_{it}^3) \leqslant \lambda_1(\nu(p_{it}^3) - \nu(p_{it}^1))$。因为 $\lambda_3 \leqslant \lambda_1 \leqslant \lambda$, 根据定理 5.1, 有 $\nu(p_{it}^3) \geqslant \nu(p_{it}^1)$, 因此 $\mu(p_{it}^1) - \mu(p_{it}^3) \leqslant \lambda(\nu(p_{it}^3) - \nu(p_{it}^1))$, 即 $\lambda\nu(p_{it}^1) + \mu(p_{it}^1) \leqslant \lambda\nu(p_{it}^3) + \mu(p_{it}^3)$。类似地, 可以证明 $\lambda\nu(p_{it}^2) + \mu(p_{it}^2) \leqslant \lambda\nu(p_{it}^4) + \mu(p_{it}^4)$。

注意到, $\lambda\nu_i' + \mu_i' = \min\{\lambda x + y : \lambda_3 x + y \geqslant d_{it}^{\lambda_3}, \lambda_4 x + y \geqslant d_{it}^{\lambda_4}, (x, y) \in \mathbf{R}^2\}$。因此, 为证明式 (5.2), 我们只需要证明 (ν_i, μ_i) 为该最小化问题的可行解。因为 $\lambda_1\nu_i + \mu_i = d_{it}^{\lambda_1}$、$\lambda_1 \geqslant \lambda_3$、$\nu(p_{it}^1) \geqslant \nu_i$, 我们有 $\mu_i - \mu(p_{it}^1) = \lambda_1(\nu(p_{it}^1) - \nu_i) \geqslant \lambda_3(\nu(p_{it}^1) - \nu_i)$, 即 $\lambda_3\nu_i + \mu_i \geqslant \lambda_3\nu(p_{it}^1) + \mu(p_{it}^1)$。考虑 p_{it}^3 的最优性, 我们有 $\lambda_3\nu_i + \mu_i \geqslant \lambda_3\nu(p_{it}^1) + \mu(p_{it}^1) \geqslant d_{it}^{\lambda_3}$。类似地, 我们可以证明 $\lambda_4\nu_i + \mu_i \geqslant d_{it}^{\lambda_4}$。　□

为了减少在计算 d_{it}^{λ} 时更新节点 i 距离标签的次数, 需要已知 p_{it}^1 和 p_{it}^2。因此, 在加速算法的初始化阶段, 可以利用经典的标签修正方法计算 $\bar{G}^{\lambda_1}(N, \bar{A})$ 和 $\bar{G}^{\lambda_2}(N, \bar{A})$ 上任意节点到终点的最短路长度, 其中 $\lambda_1 = \lambda_L$、$\lambda_2 = \lambda_U$、$\bar{A} = \{ji : i \in N, j \in N, ij \in A\}$, 进而可以在以后的计算中获得对应于任意 $\lambda \in [\lambda_L, \lambda_U]$ 的 d_{it}^{λ} 的上界和下界。

加速标签修正法的伪代码参见算法 6。算法 6 首先对任意的 $i \in N$ 估计 d_{it}^{λ} 的下界 $\tilde{d}_{it}^{\lambda}$, 以及 d_{st}^{λ} 的上界 $\bar{d}_{st}^{\lambda}$。在第 2 步中, 利用先入先出准则选择下一个访问的节点。与经典标签修正法相比, 在加速标签修正法中, 只有当 $d_i + \lambda\nu_{ij} + \mu_{ij} < d_j$ 和 $d_i + \lambda\nu_{ij} + \mu_{ij} + \tilde{d}_{jt}^{\lambda} < \bar{d}_{st}^{\lambda}$ 同时满足时, 才对节点 j 的距离标签进行修正。

算法 6　加速标签修正法

输入: λ、λ_k、p_{st}^k、$(\nu(p_{it}^k), \mu(p_{it}^k))$, 其中 $i \in N$, $k = 1, 2$。

输出: $p \in P^{\lambda}$。

步骤 1, 令 $V = \{s\}$、$\text{pred}[i] = \text{Null}$、$d_i = +\infty$ $(i \in N)$、$d_s = 0$。对所有 $i \in N$, 计算 (ν_i, μ_i) 并令 $\tilde{d}_{it}^{\lambda} = \lambda\nu_i + \mu_i$。

　　令 $\bar{d}_{st}^{\lambda} = \lambda\nu(p_{st}^{k^*}) + \mu(p_{st}^{k^*})$ 和 $p = p_{st}^{k^*}$, 其中 $k^* = \arg\min\{\lambda\nu(p_{st}^1) + \mu(p_{st}^1) : k = 1, 2\}$。对所有位于路径 p^{k^*} 上的 i, 初始化 $\text{pred}[i]$ 和 d_i。若 $\bar{d}_{st}^{\lambda} \leqslant \tilde{d}_{st}^{\lambda}$, 跳到步骤 4。

步骤 2, 若 $V = \varnothing$, 跳到步骤 4; 否则, 从 V 中选择并移除一个节点 i。

步骤 3, 对所有满足 $ij \in A$ 的 $j \in N$:

　　若 $d_i + \lambda\nu_{ij} + \mu_{ij} < d_j$ 和 $d_i + \lambda\nu_{ij} + \mu_{ij} + \tilde{d}_{jt}^{\lambda} < \bar{d}_{st}^{\lambda}$, 令 $d_j = d_i + \lambda\nu_{ij} + \mu_{ij}$、$\text{pred}[j] = i$。

　　若 $j \neq t$, 则令 $V = V \cup \{j\}$; 否则, 令 $\bar{d}_{st}^{\lambda} = d_j$; 若 $\bar{d}_{st}^{\lambda} \leqslant \tilde{d}_{st}^{\lambda}$, 跳到步骤 4。

　　跳到步骤 2。

步骤 4, 通过回溯 $\text{pred}[t]$, 返回路径 p。

定理 5.5　如果 $G^{\lambda}(N, A)$ 不包含负环, 算法 6 将在 $\mathcal{O}(nm)$ 时间内返回最短路 $p \in P^{\lambda}$。

证明　利用队列 V 遍历的概念证明算法 6 的正确性。第一次遍历是指步骤 3 中针对节点 s 的所有运算。之后的每一次遍历是指步骤 3 中针对上一次遍历中进入 V 的那些节点的所有运算。因为不存在负环, 步骤 2 和步骤 3 将在最多 n

次遍历后终止。如果 $d_{st}^\lambda = \lambda\nu(p_{st}^{k^*}) + \mu(p_{st}^{k^*})$，那么算法 6 在步骤 1 中就已经在图 $G^\lambda(N,A)$ 上找到了一条从 s 到 t 的最短路；否则，算法 6 将在步骤 2 和步骤 3 中找到一条从 s 到 t 的最短路。由于每次遍历操作最多需要进行 $O(m)$ 次运算，因此算法 6 将在 $\mathcal{O}(nm)$ 时间内找到一条最短路 $p \in P^\lambda$。 □

定理 5.5 证明了算法 6 的正确性。

算法 6 给出的加速标签修正法可以进一步从两个方面进行改进。首先，定理 5.4 的第二部分表明利用更相近的图上的最短路标签信息可以得到 d_{it}^λ 上下界更精确的估计。因此，在求解参数化图最短路问题时，我们将在算法 6 的步骤 1 中利用最相近的图上的最短路信息来计算 $\tilde{d}_{it}^\lambda$ 和 $\bar{d}_{st}^\lambda$。其次，考虑两个属性都是非负的，因此在步骤 1 中，节点 $i \in N \setminus \{s\}$ 及其相应的满足 $\tilde{d}_{it}^\lambda \geqslant \bar{d}_{st}^\lambda$ 的边可以从后续计算中排除。

5.6　数　值　实　验

在真实交通网络和网格网络中，本节针对均值-标准差最短路问题，通过与最近提出的相关算法进行数值比较，验证提出的改进的参数搜索算法的有效性。具体而言，针对均值-标准差最短路问题，将 Khani 等 [119] 和 Boyles 等 [121] 提出的改进的迭代标签算法 (记为 IIL) 和近来 Shahabi 等 [122] 的外部估计 (outer approximation, OA) 算法进行比较。我们用 PS1 表示采用经典标签修正法的参数搜索方法，用 PS2 表示采用提出的加速标签修正法的参数搜索方法。

5.6.1　实验环境

1. 算法实现

在算法 5 中，我们采用深度优先策略。在标签修正算法中，利用邻接列表存储网络参数。具体实现细节参见文献 [123] 的第 22 章。我们利用大小为 n 的环形数组 Q 存放先入先出队列 V。令队列 Q 的头部为 head，尾巴为 tail，并且其元素为 $Q[\text{head}], Q[\text{head}+1], \cdots, Q[\text{tail}-1]$。设定位置 1 紧跟位置 n，我们利用大小为 n 的布尔数组 Flag 指示节点 i 是否包含在队列 V 中。在步骤 2 中，从 Q 的头部选择节点，即 $i = Q[\text{head}]$，令 $\text{Flag}[i] = 0$，以及

$$\text{head} = \begin{cases} \text{head} + 1, & \text{head} < n \\ 1, & \text{head} = n \end{cases}$$

在步骤 3 中，只有当 $\text{Flag}[i] = 0$ 时，才将节点 i 插入 $Q[\text{tail}]$；同时，更新 $\text{Flag}[i] = 1$，以及

$$\text{tail} = \begin{cases} \text{tail} + 1, & \text{tail} < n \\ 1, & \text{tail} = n \end{cases}$$

引入循环数组 Q 和布尔数据 Flag 之后，只需 $\mathcal{O}(1)$ 时间就可以进行 Q 的插入和删除操作。基于 Khani 等 [119] 的伪代码实现 IIL 算法。利用 CPLEX 12.6 求解 OA 算法的子问题。所有实验程序均在同一计算平台环境中运行。

2. 测试算例

我们在真实交通网络和网格中进行算法计算测试。具体而言，考虑 Anaheim、Chicago Sketch、Chicago Regional、Philadelphia 和 Birmingham 五个实际交通网络。这些网络参数如表 5.1 表示。网络参数数据与平均旅行时间来自文献 [114]，交通时间的标准方差在平均旅行时间的 15% 内随机生成。我们同时采用文献中经常采用的网格网络进行测试 [124-126]。该类型的网络除了源点 s 和终点 t，其他节点按照网格方式排列。宽度为 w、高度为 h 的网格有 $n = 2 + wh$ 个节点，以及 $m = 4wh - 2w$ 条边。在算例中，考虑三类网格网络 (小规模网络 G1~G3，中规模网络 G4~G6，大规模网络 G7~G9)，具体参数如表 5.2 所示。网格网络边的旅行时间从 $\{1, 2, \cdots, 1000\}$ 随机采样产生，所测试的问题为均值-标准差最短路问题 $\min\left\{\theta\sqrt{\nu(p)} + \mu(p) : p \in P\right\}$，其中 $\theta > 0$，$\mu(p)$ 和 $\nu(p)$ 分别为平均旅行时间和旅行时间的方差。对应给定的网络，随机生成 20 组随机参数，然后计算各种算法性能的平均值。

表 5.1　真实交通网络参数

网络	n	m
Anaheim	416	914
Chicago Sketch	933	2950
Chicago Regional	12982	39018
Philadelphia	13389	40003
Birmingham	14639	33937

表 5.2　网格交通网络参数

网络	$w \times h$	n	m
G1	20×50	1002	3960
G2	32×32	1026	4032
G3	50×20	1002	3900
G4	20×500	10002	39960
G5	100×100	10002	39800
G6	500×20	10002	39000
G7	20×5000	100002	399960
G8	320×320	102402	408960
G9	5000×20	100002	390000

5.6.2　实际交通网络的计算结果

表5.3和表5.4给出了提出的参数搜索算法在实际交通网络上的计算性能。第3~5列给出了平均计算时间 (T)、平均求解子问题的个数 (记为 PSP) 和平均标签修正的次数 (记为 Label)。最后两列给出了 PS1 和 PS2 在计算时间方面对现有

表 5.3　PS1 算法在实际交通网络上与其他算法的计算性能对比

网络	θ	PS1			改进/%	
		T/s	PSP	Label	IIL	OA
Anaheim	0.1	0.001	3.8	4046	95.229	99.924
	1	0.001	4.0	4161	93.388	99.899
	10	0.001	4.9	3685	93.800	99.949
Chicago S.	0.1	0.005	4.0	8139	95.215	99.537
	1	0.004	4.0	11392	96.523	99.691
	10	0.004	5.6	15892	95.510	99.984
Chicago R.	0.1	0.180	3.8	625099	97.012	98.326
	1	0.312	4.3	1083221	94.963	98.538
	10	0.476	6.0	1656838	92.194	99.893
Philadelphia	0.1	0.225	3.2	752274	95.879	98.327
	1	0.388	4.1	1348254	93.257	97.186
	10	0.506	5.3	1807048	90.772	99.748
Birmingham	0.1	0.346	3.6	1351374	92.330	96.779
	1	0.591	4.4	2276532	87.273	96.387
	10	0.697	4.9	2753872	85.346	99.700

表 5.4　PS2 算法在实际交通网络上与其他算法的计算性能对比

网络	θ	PS2			改进/%	
		T/s	PSP	Label	IIL	OA
Anaheim	0.1	0.002	3.8	3591	89.066	99.826
	1	0.002	4.0	3700	90.496	99.854
	10	0.001	4.9	1587	93.800	99.949
Chicago S.	0.1	0.010	4.0	6481	89.941	99.028
	1	0.004	4.0	9298	96.429	99.028
	10	0.004	5.6	10440	96.429	99.987
Chicago R.	0.1	0.085	3.8	252189	98.600	99.216
	1	0.148	4.3	500673	97.613	99.307
	10	0.176	6.0	585673	97.115	99.960
Philadelphia	0.1	0.153	3.2	475869	97.211	98.868
	1	0.267	4.1	901216	95.353	98.060
	10	0.285	5.3	1002827	94.798	99.858
Birmingham	0.1	0.157	3.6	575126	96.527	98.542
	1	0.297	4.4	1147640	93.607	98.186
	10	0.324	4.9	1254918	93.196	99.860

的 IIL、OA 算法的提升百分比。从表 5.3 和表 5.4 可以得到如下结论。首先，PS1 和 PS2 在计算时间方面对现有的 IIL、OA 算法有 1 ~ 2 个数量级的提升；同时，利用提出的加速标签修正方法，PS2 可以大大降低 PS1 的计算时间和标签修正的次数。然后，对所有算例，提出的 PS 算法只需要求解很少的 (均不超过 10 个) 子问题。最后，参数 θ 对算法性能的影响较小。例如，当 θ 增大 100 倍时，PS1 和 PS2 计算时间增加不超过 2.5 倍。

　　因为加速标签修正法在求解最初两个最短路问题时与经典算法相同，所以表 5.5 给出的计算结果是根据求解前两个最短路问题后的运算过程计算得到的。表 5.5 的第 3~6 列分别给出了两种算法的平均计算时间和平均更新标签次数。表 5.4 的最后一列给出了在平均计算时间和平均更新标签次数方面，加速标签修正法对经典方法改进的百分比。可以看出，加速标签修正法可以带来几个数量级的改进效果。因为参数搜索算法只需要求解不多于 10 个子问题，所以 PS2 算法的计算性能在很大程度上取决于前两个最短路问题的求解。因此，计算结果表明，PS2 算法的经验计算复杂度可以估计为 $O((2+\epsilon)nm)$，其中 $0 \leqslant \epsilon \leqslant 1$。这也被表 5.3 和表 5.4 验证。最后，在所有计算中，仅利用我们提出改进交叉点参数搜索策略就可以得到所有问题的最优解，因此不必再进行区间参数搜索。

表 5.5　加速标签修正法在实际交通网络上的计算性能

网络	θ	LC		speedup LC		改进/%	
		T/ms	Label	T/ms	Label	T	Label
Anaheim	0.1	0.141	526	0.025	9	82.270	98.377
	1	0.141	658	0.067	13	52.719	97.965
	10	0.184	924	0.092	68	50.181	92.626
Chicago S.	0.1	0.618	1803	0.200	15	67.638	99.187
	1	0.500	1837	0.050	18	90.000	98.999
	10	0.442	2102	0.115	132	73.962	93.723
Chicago R.	0.1	38.050	133723	0.550	23	98.555	99.983
	1	45.333	156835	0.517	95	98.860	99.939
	10	58.729	207019	0.668	770	98.862	99.628
Philadelphia	0.1	38.200	127256	0.200	41	99.476	99.968
	1	66.667	229889	0.567	93	99.150	99.960
	10	77.940	274998	0.700	1030	99.102	99.625
Birmingham	0.1	71.325	276703	0.400	54	99.439	99.980
	1	88.167	340243	0.517	138	99.414	99.960
	10	107.163	420447	0.723	1967	99.325	99.532

5.6.3　网格网络的计算结果

　　下面分析参数搜索算法在网格网络上计算性能。表 5.6 给出了 PS1 和 PS2 在网格网络上的平均计算性能，其中 $\theta = 1$。表 5.6 的第 2~9 列分别给出两种算法的计算时间、求解子问题个数、标签修正次数，以及对 IIL 算法计算时间改进的百分比。因为 OA 计算性能比 IIL 算法性能更差，所以只将本书提出的算法与 IIL 算法进行比较。实际交通网络上的结论在网格网络中仍然成立，而且参数搜索算法对 IIL 的性能改进幅度更大。表 5.6 还表明，网络结构对参数搜索和 IIL 算法性能有一定的影响，但是参数搜索算法需要求解的子问题个数的增加不大。Nikolova[127] 也提出一种类似的参数化计算方法，对 $h = w = 250$ 的网格网络需要求解 50 个参数化子问题，而本书算法对问题规模更大的 $h = w = 320$ 网格网络只需要求解 38 个参数化子问题。

表 5.6　参数搜索算法在网格网络上的计算性能

网络	PS1				PS2			
	T/s	PSP	Label	改进	T/s	PSP	Label	改进
$G1$	0.003	2.9	8644	97.735	0.002	2.9	5868	97.910
$G2$	0.004	3.4	13476	97.743	0.002	3.4	7151	98.558
$G3$	0.005	3.4	18549	97.331	0.004	3.4	10932	97.973
$G4$	0.018	2.4	69610	99.332	0.019	2.4	58844	99.273
$G5$	0.080	3.4	315616	98.509	0.057	3.4	193750	98.943
$G6$	0.529	4.1	2115137	99.853	0.258	4.1	1032817	98.378
$G7$	0.235	2.2	646702	99.853	0.235	2.2	585993	99.853
$G8$	4.284	3.8	12525145	98.657	2.210	3.8	6363157	99.307
$G9$	61.022	4.0	219017852	96.269	32.063	4.0	112106563	98.040

　　表 5.7 所示为经典标签修正法和加速标签修正法的计算性能对比。同样，注意到加速标签修正法可以将运算时间和标签更新次数减少至少两个数量级。当网络变化时，加速标签修正法的计算性能变化不大。例如，当网络结构从 $G1$、$G4$ 和 $G7$ 变化为 $G3$、$G6$ 和 $G9$ 时，经典方法的计算时间相应地增加 144%、6187% 和 72514%；加速标签修正法的计算时间仅增加 2%、617% 和 2283%。最后，仅采用改进的交叉点参数搜索即可获得所有问题的最优解，而不必进行区间搜索。

表 5.7　经典标签修正法和加速标签修正法的计算性能对比

网络	LC		speedup LC		改进/%	
	T/ms	Label	T/ms	Label	T	Label
$G1$	0.450	1579	0.049	8	88.889	99.519
$G2$	0.850	3297	0.050	12	94.118	99.638
$G3$	1.100	3883	0.050	16	95.455	99.579
$G4$	2.100	8835	0.100	10	95.238	99.887
$G5$	15.883	65373	0.367	39	97.691	99.940
$G6$	132.033	520807	0.717	517	99.457	99.901
$G7$	20.900	58696	0.300	20	98.565	99.966
$G8$	1032.500	3003600	3.750	375	99.637	99.988
$G9$	15176.400	54661882	7.150	8451	99.953	99.985

5.7　本 章 小 结

本章以一类凹最短路问题为例，介绍改进的参数搜索算法。该算法可以进一步应用于求解具有类似结构的离散凹优化问题。

第 6 章 随机参数相关的鲁棒优化模型的 拉格朗日算法

本章以具有相关旅行时间的鲁棒路径规划问题为例，介绍求解随机参数相关的鲁棒优化模型的两类拉格朗日算法。首先，我们介绍如何通过协方差矩阵分解技术，对鲁棒路径规划问题进行等价转化，并给出对偶问题。然后，通过简化及分析对偶问题，分别设计约束生成 (constraint generation, CG) 算法和次梯度投影 (subgradient projection, SP) 算法。最后，将通过理论分析，证明提出的算法比现有的拉格朗日算法具有更小的对偶间隙，并通过实验验证算法的效率。

6.1 旅行时间相关的鲁棒路径规划问题

考虑有向无环图 $G(N, A)$，其中 $N(|N| = n)$ 为节点集，$A(|A| = m)$ 为边集合。假设边 $ij \in A$ 的旅行时间 c_{ij} 为随机变量，其平均值和方差分别为 $\mu_{ij}(\geqslant 0)$ 和 σ_{ij}^2。令 $c = (c_{ij})_{ij \in A}$ 为向量，协方差矩阵为 Σ，其中 $\sigma_{ij}^2 = \Sigma_{ij}$ 且 $\sigma_{ij,kl} = \Sigma_{ij,kl}$，同时令 (s, t) 为图 $G(N, A)$ 中的起止对。对任意 $S \subseteq \mathcal{N}$，令 $\mathcal{A}(S)$ 为终点属于 S 的边的集合，旅行时间相关的鲁棒路径规划问题为

$$(\text{P}) \quad \min \sum_{ij \in A} \mu_{ij} x_{ij} + \theta \left(\sum_{ij \in A} \sigma_{ij}^2 x_{ij}^2 + \sum_{ij,kl \in A, ij \neq kl} \sigma_{ij,kl} x_{ij} x_{kl} \right)^{0.5} \tag{6.1}$$

$$\text{s.t.} \quad \sum_{j: ij \in A} x_{ij} - \sum_{j: ji \in A} x_{ji} = b_i, \quad i \in N \tag{6.2}$$

$$\sum_{ij \in \mathcal{A}(S)} x_{ij} \leqslant |S| - 1, \quad S \subseteq \mathcal{N}_{rs}, |S| \geqslant 2 \tag{6.3}$$

$$x_{ij} \in \{0, 1\}, \quad ij \in A \tag{6.4}$$

其中，$b_s = 1$；$b_t = -1$；$b_i = 0$ $(i \neq s, t)$；$\theta \geqslant 0$。

式 (6.1) 为考虑平均旅行时间和旅行时间标准差的加权目标函数。权重系数 θ 反映决策者对旅行时间波动的敏感程度[128]，其典型值为 1.27[129]。式 (6.2) 为网络流平衡约束。式 (6.3) 为无环约束。令 X 为约束式 (6.2) 和式 (6.4) 定义的路径

集合，$\bar{X}$ 为式 (6.2)～ 式 (6.4) 定义的无环路径集合，问题 (P) 可以简化表示为

$$\min\{f(x) = \mu^{\mathrm{T}}x + \theta\sqrt{x^{\mathrm{T}}\Sigma x} : x \in \bar{X}\}$$

其中，$\mu = (\mu_{ij})_{ij\in A}$。

　　求解问题 (P) 的难点在于两个方面。一方面，由于目标函数的非线性，最优路径的子路径不一定是最优的。另一方面，由于二次项，目标函数关于边是不可分的 [130]。因此，经典的动态规划方法不能用于求解该问题。Xing 等 [128] 和 Zeng 等 [130] 提出求解该问题的拉格朗日松弛 (Lagrangian relaxation, LR) 算法。他们的算法首先将协方差矩阵分解为 $\Sigma = PP^{\mathrm{T}}$，其中 $P = (p_1, p_2, \cdots, p_r) \in \mathbf{R}^{m\times r}$。Xing 等 [128] 利用采样数据进行矩阵分解。Zeng 等 [130] 利用 Cholesky 分解技术，即 $r = m$。进而将原问题转化为

$$(\text{P1}) \quad \min\ \mu^{\mathrm{T}}x + \theta\sqrt{z} \tag{6.5}$$

$$\text{s.t.}\quad y_s = p_s^{\mathrm{T}}x, \quad s = 1, 2, \cdots, r \tag{6.6}$$

$$z = \sum_{s=1}^{r} y_s^2 \tag{6.7}$$

$$z \in [0, \sigma_{\max}^2], \quad x \in \bar{X} \tag{6.8}$$

其中，$\sigma_{\max}^2 = x_\mu^{\mathrm{T}}\Sigma x_\mu$，$x_\mu \in \arg\min\{\mu^{\mathrm{T}}x : x \in \bar{X}\}$。

　　注意，(P) 为离散凸函数最小化问题，(P1) 为混合 0-1 凹函数最小化问题。

　　针对约束式 (6.6) 和式 (6.7)，引入拉格朗日乘子 λ 和 v，考虑如下对偶问题，即

$$(\text{D1}) \quad \max_{\lambda, v}\ L_x(\lambda) + L_z(v) + L_y(\lambda, v)$$

其中

$$L_x(\lambda) = \min\left\{(\mu + \sum_{s=1}^{r}\lambda_s p_s)^{\mathrm{T}}x : x \in \bar{X}\right\}$$
$$L_z(v) = \min\{\theta\sqrt{z} - vz : z \in [0, \sigma_{\max}^2]\}$$
$$L_y(\lambda, v) = \min\left\{v\sum_{s=1}^{r}y_s^2 - \sum_{s=1}^{r}\lambda_s y_s : y \in \mathbf{R}^r\right\}$$

　　给定 λ 和 v，$L_z(\lambda)$ 和 $L_y(\lambda, v)$ 可以显式计算出来，而且 $L_x(\lambda)$ 为最短路问题，但是可能存在负环。为了处理负环，Xing 等 [128] 提出参数调整方法，即通过调整参数 λ 来保证 $\mu + \sum_{s=1}^{r}\lambda_s p_s \geqslant 0$。最后，他们都采用经典的次梯度方法来更新拉格朗日乘子。

虽然现有的拉格朗日松弛方法展示了不错的计算性能，但是也具有以下不足。首先，现在方法都基于等价的混合凹最小化问题引入拉格朗日对偶问题。对偶间隙可能来自离散约束或者非凸目标函数，从而导致原始-对偶问题之间的间隙较大。然后，现有处理负环的方法过于保守，会造成对偶变量的可行空间过小。最后，现有研究并未对对偶间隙的大小作理论分析。因此，本书提出一种新的基于等价离散凸最小化问题的拉格朗日乘子方法，并从理论上证明其对偶间隙小于现有的方法。

6.2 拉格朗日对偶问题

拉格朗日方法首先将原问题转化为拉格朗日对偶问题，进而设计针对性算法。本节介绍协方差矩阵分解、问题转化、对偶化简技术。然后，介绍具体的拉格朗日算法及如何处理负环。

6.2.1 协方差矩阵分解

协方差矩阵分解的目的是得到 $\Sigma = PP^{\mathrm{T}}$。因此，我们提出以下三种分解方法。

1. 基于采样的矩阵分解 [128]

当已知 T 的旅行时间采样数据时，我们可以利用 $\Sigma = \dfrac{1}{T-1} \displaystyle\sum_{s=1}^{T} (c^s - \mu)(c^s - \mu)^{\mathrm{T}}$ 进行矩阵分解，其中 c^s 是第 s 天的旅行时间数据，$\mu = \dfrac{1}{T} \displaystyle\sum_{s=1}^{T} c^s$。此时，$P = (P_1, P_2, \cdots, P_T)$ 且 $P_s = \dfrac{c^s - \mu}{\sqrt{T-1}} \in \mathbf{R}^m$。

2. Cholesky 矩阵分解 [130]

对于给定的半正定矩阵 Σ，其 Cholesky 分解为 $\Sigma = PP^{\mathrm{T}}$，其中 $P \in \mathbf{R}^{m \times m}$ 是下三角可逆矩阵，可以用 Cholesky-Banachiewicz 算法 [131] 在 $O(m^3)$ 时间内计算。

3. 矩阵平方根分解

对于给定的半正定矩阵 Σ，总是存在唯一的半正定矩阵 $P \in \mathbf{R}^{m \times m}$，使得 $\Sigma = PP^{\mathrm{T}}$。Hogben[132] 给出了计算矩阵平方根分解的稳定的二次收敛率算法。

当旅行时间采样数目 $T \leqslant m$ 时，我们可以采用基于采样的矩阵分解方法；否则，采用后两种分解方法。下面总是假定 $P = (p_1, p_2, \cdots, p_r) \in \mathbf{R}^{m \times r}$。

6.2.2 问题转化

利用 $\Sigma = PP^{\mathrm{T}}$，我们有 $f(x) = \mu^{\mathrm{T}} x + \theta \sqrt{x^{\mathrm{T}} PP^{\mathrm{T}} x} = \mu^{\mathrm{T}} x + \theta \|P^{\mathrm{T}} x\|$。对任意 $s = 1, 2, \cdots, r$，令 $y_s = p_s^{\mathrm{T}} x$，即 $y = P^{\mathrm{T}} x$，不同于现有的将 (P) 转化为混合凹

最小化问题 (P1) 的方法，我们将其等价转化为如下混合凸最小化问题，即

$$(\text{P2})\quad \min\ \mu^{\mathrm{T}}x + \theta\|y\| \tag{6.9}$$

$$\text{s.t.}\quad y_s = p_s^{\mathrm{T}}x, \quad s = 1, 2, \cdots, r \tag{6.10}$$

$$x \in \bar{X} \tag{6.11}$$

与 (P1) 相比，问题 (P2) 的决策变量更少，而且其目标函数 $h(x,y) = \mu^{\mathrm{T}}x + \theta\|y\|$ $(\theta \geqslant 0)$ 是关于 (x,y) 的凸函数。下面证明，基于 (P2) 的拉格朗日松弛方法的对偶间隙比基于 (P1) 的拉格朗日松弛方法的对偶间隙要小。

6.2.3　对偶化简

我们引入拉格朗日乘子 λ_s 松弛约束式 (6.10)。令 $s = 1, 2, \cdots, r$，考虑如下拉格朗日函数，即

$$L(x,y,\lambda) = \mu^{\mathrm{T}}x + \theta\|y\| + \sum_{s=1}^{r} \lambda_s \left(p_s^{\mathrm{T}}x - y_s\right) = (\mu + P\lambda)^{\mathrm{T}}x + \theta\|y\| - \lambda^{\mathrm{T}}y$$

对应的对偶函数为

$$q(\lambda) = \min_{x \in \bar{X}} (\mu + P\lambda)^{\mathrm{T}}x + \min_{y \in \mathbf{R}^r}\{\theta\|y\| - \lambda^{\mathrm{T}}y\} \tag{6.12}$$

下面的引理给出了式 (6.12) 中第二个子问题的最优值。

引理 6.1　给定 $\lambda \in \mathbf{R}^r$，则

$$\min_{y \in \mathbf{R}^r}\{\theta\|y\| - \lambda^{\mathrm{T}}y\} = \begin{cases} -\infty, & \|\lambda\| > \theta \\ 0, & \|\lambda\| \leqslant \theta \end{cases}$$

证明　首先，固定 $\|y\| = t \geqslant 0$。对任意 $t \geqslant 0$，我们有 $\max\{\lambda^{\mathrm{T}}y : \|y\| = t\} = \|\lambda\|t$，而且其最优值在 $y = \dfrac{t\lambda}{\|\lambda\|}$ 处得到。

由

$$\min_{y \in \mathbf{R}^r}\{\theta\|y\| - \lambda^{\mathrm{T}}y\} = \min_{t \geqslant 0}\ \min_{\|y\|=t}\{\theta\|y\| - \lambda^{\mathrm{T}}y\} = \min_{t \geqslant 0}\left\{\theta t - \max_{\|y\|=t} \lambda^{\mathrm{T}}y\right\}$$

可得

$$\min_{y \in \mathbf{R}^r}\{\theta\|y\| - \lambda^{\mathrm{T}}y\} = \min_{t \geqslant 0} (\theta - \|\lambda\|)t$$

引理得证。　　　　　　　　　　　　　　　　　　　　　　　　　　　　　□

因为对任意 $\lambda \in \mathbf{R}^r$，式 (6.12) 中第一个优化问题的最优值有界，并且 (P) 的对偶问题旨在最大化 $q(\lambda)$，我们只需要考虑 $\|\lambda\| \leqslant \theta$ 的情况即可。因此，对偶问题可以化简为

$$(\text{D2}) \quad \max_{\|\lambda\| \leqslant \theta} \ g(\lambda)$$

其中，$g(\lambda) = \min\{(\mu + P\lambda)^{\mathrm{T}} x : x \in \bar{X}\}$ 为最短路问题。

6.3 拉格朗日算法

本节设计两种算法来求解对偶问题 (D2)，即约束生成算法和次梯度投影算法。对拉格朗日算法的更多介绍可以参考文献 [133]。

为了表述简洁，假定对任意 λ，总可以通过求解对应的无环最短路问题得到 $g(\lambda)$，即

$$(\text{P}_\lambda) \quad \min_{x \in \bar{X}} \ (\mu + P\lambda)^{\mathrm{T}} x$$

如果存在负环，则需要利用 CPLEX 等工具通过求解混合整数线性规划来计算。后面讨论如何有效处理负环，而不借助复杂的计算软件。我们将 (P_λ) 的最优解集记为 $\bar{X}_\lambda$，令 f^* 和 f_D 分别为 (P) 和 (D2) 的最优值。

6.3.1 约束生成算法

通过引入辅助变量 $\gamma = g(\lambda)$，(D2) 等价于

$$(\text{D3}) \quad \max \ \gamma$$
$$\text{s.t.} \quad \gamma \leqslant (\mu + P\lambda)^{\mathrm{T}} x, \quad x \in \bar{X}$$
$$\|\lambda\| \leqslant \theta$$

利用弱对偶性 [134]，以及 (D2) 和 (D3) 的等价关系，(D3) 的最优值提供了 (P) 的一个下界。

令 f_D^u 和 f_D^l 表示 f_D 的上下界，f^u 表示 f^* 的上界，约束生成算法初始化 $\lambda^1 = 0$、$f_\mathrm{D}^u = f^u = \infty$ 和 $f_\mathrm{D}^l = -\infty$。在约束生成算法的第 k 次迭代中，我们通过求解 (P_{λ^k}) 得到无环路径 $x^k \in \bar{X}_{\lambda^k}$ 和 $g(\lambda^k)$。基于 x^k，我们引入约束，即

$$\gamma \leqslant \mu^{\mathrm{T}} x^k + (x^k)^{\mathrm{T}} P\lambda$$

同时，我们可以改进 f_D 和 f^* 的上下界。因为在约束生成算法中 λ 始终是 (D2) 的可行解，即 $\|\lambda^k\| \leqslant \theta$，所以 $g(\lambda^k)$ 为 f_D 的下界，进而可以令 $f_\mathrm{D}^l = \max\{f_\mathrm{D}^l, g(\lambda^k)\}$。

因为 x^k 也是 (P) 的可行解，所以 $f(x^k)$ 是 f^* 的上界，我们更新 $f^u = \min\{f^u, f(x^k)\}$，并更新当前最优解 $\bar{x}$。

引入新的约束后，重新求解如下主问题 (master problem, MP)，即

$$(\text{MP}^k)\quad \max\ \gamma$$

$$\text{s.t.}\quad \gamma \leqslant \mu^{\mathrm{T}} x^t + (x^t)^{\mathrm{T}} P\lambda,\quad t = 1, 2, \cdots, k$$

$$\|\lambda\| \leqslant \theta$$

在 (MP^k) 中，$x^t, t = 1, 2, \cdots, k$ 为常数，而 $(\gamma, \lambda) \in \mathbf{R}^{1+r}$ 为决策变量。从而 (MP^k) 是一个具有单个凸二次约束的凸优化问题。对于任意精度要求 $\epsilon > 0$，利用文献 [135] 中的内点方法将在多项式时间内返回一个 ϵ-最优解。与 (D3) 相比，(MP^k) 的约束更少。因为 (MP^k) 的最优值 γ^k 改进 f_{D} 的上界，所以更新 $f_{\mathrm{D}}^u = \gamma^k$。

在第 k 迭代中，定义相对对偶间隙 (relative duality gap, RDG) 和相对内部间隙 (relative inner gap, RIG) 为 $\text{RDG} = \dfrac{f^u - f_{\mathrm{D}}^l}{f_{\mathrm{D}}^l} \times 100\%$ 和 $\text{RIG} = \dfrac{f_{\mathrm{D}}^u - f_{\mathrm{D}}^l}{f_{\mathrm{D}}^l} \times 100\%$。约束生成算法将在有限步内达到约定的求解精度 (相对对偶间误差 (tolerance of relative duality gap, TRDG) 或相对内部间隙误差 (tolerance of relative inner gap, TRIG))，或者达到约定的最大迭代步数 (MaxIt) 终止。

算法 7 给出了约束生成算法的伪代码。下面的定理证明了如果 MaxIt $= \infty$，那么算法 7 仍然可在有限步内收敛。

算法 7　约束生成算法

输入：μ、P、θ、TRDG、TRIG 和 MaxIt。

输出：$\bar{x}$、f^u、f_{D}^u、f_{D}^l、RDG 和 RIG。

步骤 1，初始化。令 $\lambda^1 = 0$、$f_{\mathrm{D}}^u = f^u = \infty$、$f_{\mathrm{D}}^l = -\infty$、$k = 1$。

步骤 2，约束生成。通过求解 (P_{λ^k}) 得到 $x^k \in \bar{X}_{\lambda^k}$ 和 $g(\lambda^k)$。

　　更新 $f_{\mathrm{D}}^l = \max\{f_{\mathrm{D}}^l, g(\lambda^k)\}$。如果 $f^u > f(x^k)$，那么令 $f^u = f(x^k)$、$\bar{x} = x^k$。

步骤 3，求解主问题。求解 (MP^k) 得到新的拉格朗日乘子 λ^{k+1}。

　　更新 $f_{\mathrm{D}}^u = \min\{f_{\mathrm{D}}^u, \gamma^k\}$，其中 γ^k 为 (MP^k) 的最优解。

步骤 4，终止条件。更新 $\text{RDG} = \dfrac{f^u - f_{\mathrm{D}}^l}{f_{\mathrm{D}}^l} \times 100\%$，以及 $\text{RIG} = \dfrac{f_{\mathrm{D}}^u - f_{\mathrm{D}}^l}{f_{\mathrm{D}}^l} \times 100\%$。如果 RDG $\leqslant$ TRDG、RIG $\leqslant$ TRIG 或 $k \geqslant$ MaxIt，那么算法终止；否则，令 $k = k + 1$，并跳到步骤 2。

定理 6.1　*即使 MaxIt $= \infty$，约束生成算法也会在有限步内收敛，并返回 f^u、f_{D}^l 和 f_{D}^u。同时，我们有 $f_{\mathrm{D}}^l \leqslant f_{\mathrm{D}} \leqslant f_{\mathrm{D}}^u$、$f_{\mathrm{D}}^l \leqslant f_{\mathrm{D}} \leqslant f^* \leqslant f^u$，以及 $\dfrac{f_{\mathrm{D}}^u - f_{\mathrm{D}}^l}{f_{\mathrm{D}}^l} \leqslant$ TRIG*

或者 $\dfrac{f^u - f^*}{f^*} \leqslant \text{TRDG}$。

证明　根据算法的终止条件，定理的第二部分显然成立。为证明第一部分，首先证明对任意 $1 \leqslant k \leqslant l$，如果 $x^k \in \bar{X}_{\lambda^l}$，那么约束生成算法必定在前 l 次迭代中收敛。事实上，因为 $x^k \in \bar{X}_{\lambda^l}$，我们有 $g(\lambda^l) = (\mu + P\lambda^l)^{\mathrm{T}} x^k$；在第 l 次迭代中，$f_{\mathrm{D}}^l \geqslant (\mu + P\lambda^l)^{\mathrm{T}} x^k$。另外，我们有 $f_{\mathrm{D}}^u = r^l \leqslant (\mu + P\lambda^l)^{\mathrm{T}} x^k$。因为 $f_{\mathrm{D}}^u \geqslant f_{\mathrm{D}}^l$，在 l 次迭代中，RIG $= 0$，因此算法收敛。这表明，在每次迭代中，约束生成算法都会产生一个与之前路径不同的新的无环路径 x^l。因为无环路径是有限的，所以即使 $\text{MaxIt} = \infty$，算法也会在有限步内收敛。 $\square$

约束生成算法的计算效率取决于生成约束的数量。后续的实验表明，约束生成算法往往只需要生成很少量的约束就可以收敛。

6.3.2　次梯度投影算法

为了避免求解凸的主问题，我们提出一种改进的次梯度方法。令 f_{CH} 为 (P) 的如下松弛问题的最优值，即

$$(\mathrm{P3}) \quad \min\{f(x) : \ x \in \text{conv}(\bar{X})\}$$

其中，$\text{conv}(\bar{X})$ 为 $\bar{X}$ 的凸包。

定理 6.2　$f_{\mathrm{D}} = f_{\mathrm{CH}}$。

证明　因为对任意 $a \in \mathbf{R}^r$, $\max\{a^{\mathrm{T}}\lambda : \|\lambda\| \leqslant \theta\} = \theta\|a\|$，对任意 $x \in \mathbf{R}^m$，我们有

$$f(x) = \mu^{\mathrm{T}}x + \theta\|P^{\mathrm{T}}x\| = \max_{\|\lambda\| \leqslant \theta}\ \{\mu^{\mathrm{T}}x + x^{\mathrm{T}}P\lambda\}$$

因为 $\text{conv}(\bar{X})$ 和 $\{\lambda \in \mathbf{R}^r : \|\lambda\| \leqslant \theta\}$ 为非空紧凸集，$h(x, \lambda) = \mu^{\mathrm{T}}x + x^{\mathrm{T}}P\lambda$ 是关于 (x, λ) 的双线性函数，利用 Minimax 定理 [134]，我们有

$$\min_{x \in \text{conv}(\bar{X})}\ \max_{\|\lambda\| \leqslant \theta}\ \{\mu^{\mathrm{T}}x + x^{\mathrm{T}}P\lambda\} = \max_{\|\lambda\| \leqslant \theta}\ \min_{x \in \text{conv}(\bar{X})}\ \{\mu^{\mathrm{T}}x + x^{\mathrm{T}}P\lambda\}$$

对任意 $\lambda \in \mathbf{R}^r$，利用线性规划最优解的性质，我们还有 $\min\limits_{x \in \text{conv}(\bar{X})}\{\mu^{\mathrm{T}}x +$ $x^{\mathrm{T}}P\lambda\} = \min\limits_{x \in \bar{X}}\{\mu^{\mathrm{T}}x + x^{\mathrm{T}}P\lambda\} = g(\lambda)$。因此

$$f_{\mathrm{CH}} = \min_{x \in \text{conv}(\bar{X})} f(x) = \min_{x \in \text{conv}(\bar{X})}\ \max_{\|\lambda\| \leqslant \theta}\ \{\mu^{\mathrm{T}}x + x^{\mathrm{T}}P\lambda\} = \max_{\|\lambda\| \leqslant \theta} g(\lambda) = f_{\mathrm{D}}$$

$\square$

定理 6.2 表明，(D2) 的最优值等于 f_{CH}。

利用定理 6.2，我们可以得到问题 (D2) 的最优解的必要性条件如下。

定理 6.3　　如果 Σ 为正定矩阵, 对 (D2) 的最优解 λ^*, 我们总有 $\|\lambda^*\| = \theta$。

证明　　因为 $g(\lambda)$ 为连续凹函数, $\{\lambda \in \mathbf{R}^r : \|\lambda\| \leqslant \theta\}$ 为非空紧凸集, 利用 Weierstrass 定理 [134], 可知 (D2) 至少存在一个最优解 λ^*。下面利用反证法来证明该定理。为此, 假设 $\|\lambda^*\| = \bar{\theta} < \theta$, 因为

$$f_{\mathrm{D}} = \max_{\|\lambda\| \leqslant \theta} g(\lambda) \geqslant \max_{\|\lambda\| \leqslant \bar{\theta}} g(\lambda) = g(\lambda^*) = f_{\mathrm{D}}$$

所以 $f_{\mathrm{D}} = \max\limits_{\|\lambda\| \leqslant \bar{\theta}} g(\lambda)$。与证明定理 6.2 类似, 我们有

$$f_{\mathrm{D}} = \max_{\|\lambda\| \leqslant \bar{\theta}} g(\lambda) = \min_{x \in \mathrm{conv}(\bar{X})} \{\mu^{\mathrm{T}} x + \bar{\theta}\|P^{\mathrm{T}} x\|\} \tag{6.13}$$

令 $\bar{x} \in \mathrm{conv}(\bar{X})$ 为 (P) 的凸包估计问题的最优解, 利用定理 6.2, 我们有 $\mu^{\mathrm{T}}\bar{x} + \theta\|P^{\mathrm{T}}\bar{x}\| = f_{\mathrm{CH}} = f_{\mathrm{D}}$。因为 Σ 为正定矩阵, $P = \Sigma^{1/2}$ 也是正定的, 并且 $P^{\mathrm{T}}\bar{x} > 0$。因为 $\|P^{\mathrm{T}}\bar{x}\| > 0$ 和 $\theta > \bar{\theta}$, 我们有

$$\min_{x \in \mathrm{conv}(\bar{X})} \{\mu^{\mathrm{T}} x + \bar{\theta}\|P^{\mathrm{T}} x\|\} \leqslant \mu^{\mathrm{T}}\bar{x} + \bar{\theta}\|P^{\mathrm{T}}\bar{x}\| < \mu^{\mathrm{T}}\bar{x} + \theta\|P^{\mathrm{T}}\bar{x}\| = f_{\mathrm{D}}$$

这与式 (6.13) 矛盾, 从而定理得证。　　　　　　　　　　　　　　　　　　□

定理 6.3 表明, 我们只需要在球面 $\Lambda_\theta = \{\lambda \in \mathbf{R}^r : \|\lambda\| = \theta\}$ 寻找最优的对偶变量。注意到, $\min\limits_{y \in \mathbf{R}^r}\{\theta\|y\| - \lambda^{\mathrm{T}} y\} = \min\limits_{t \geqslant 0} (\theta - \|\lambda\|)t$, 并且其最优解可以表示为 $y = \dfrac{t\lambda}{\|\lambda\|}$ (见引理 6.1 的证明)。对任意给定的 $\lambda \in \Lambda_\theta$ 和 $x \in X_\lambda$, 我们可以自由选择一个最优的 t^* 来最小化被松弛的约束 $P^{\mathrm{T}} x - y = 0$ 的不可行性。同时, 考虑 $P^{\mathrm{T}} x - y$ 作为对偶函数 $q(\lambda)$ 在 λ 处的次梯度 [134], 我们将设计最小化这个差值的方法选择最优的 t^*。具体而言, 我们采用最小均方差准则选择 t^*。考虑如下问题, 即

$$(\mathrm{LSP}) \quad \min_{t \geqslant 0} \|\lambda t/\theta - P^{\mathrm{T}} x\|^2$$

其中, $\lambda \in \Lambda_\theta$ 和 $x \in \bar{X}_\lambda$ 是给定的。

易知, (LSP) 的最优解为 $t^* = \dfrac{\lambda^{\mathrm{T}} P^{\mathrm{T}} x}{\theta}$, 因此令 $y^* = \dfrac{\lambda^{\mathrm{T}} P^{\mathrm{T}} x}{\theta^2}\lambda$, 约束的不可行性度量为 $\|y^* - P^{\mathrm{T}} x\|^2 = x^{\mathrm{T}} P \left(I - \dfrac{\lambda\lambda^{\mathrm{T}}}{\theta^2}\right) P^{\mathrm{T}} x$。

令 (x^k, y^k) 和 λ^k 为第 k 次迭代中的原始、对偶可行解。在第 k 次迭代中, 次梯度算法首先通过求解 (P_{λ^k}) 得到 $x^k \in \bar{X}_{\lambda^k}$。算法初始化时, 我们将 λ^k 设定为

$\lambda^1 = \dfrac{\theta}{\sqrt{m}}(1, 1, \cdots, 1)^{\mathrm{T}} \in \mathbf{R}^m$。随后，我们计算 $y^k = \dfrac{(\lambda^k)^{\mathrm{T}} P^{\mathrm{T}} x^k}{\theta^2} \lambda^k$。最后，采用次梯度上升方法得到 $\tilde{\lambda}^{k+1}$，并将 $\tilde{\lambda}^{k+1}$ 向球面 $\Lambda_\theta = \{\lambda \in \mathbf{R}^r : \|\lambda\| = \theta\}$ 投影，即

$$\begin{cases} \tilde{\lambda}^{k+1} = \lambda^k + \eta^k(P^{\mathrm{T}} x^k - y^k) \\ \lambda^{k+1} = \theta \dfrac{\tilde{\lambda}^{k+1}}{\|\tilde{\lambda}^{k+1}\|} \end{cases} \tag{6.14}$$

其中，η^k 为第 k 次迭代的步长。

选择如下典型的步长公式 [134]，即

$$\eta^k = \frac{\delta^k(g^k - g(\lambda^k))}{\|y^k - P^{\mathrm{T}} x^k\|^2} \tag{6.15}$$

其中，g^k 为对偶最优值 f_{D} 的估计；$\delta^k \in (0, 2)$。

在计算实验中，我们将 g^k 设定为当前原始目标函数值，即 $g^k = \min\limits_{1 \leqslant i \leqslant k} f(x^i)$，并利用衰减步长因子 $\delta^k = \dfrac{1+l}{k+l}$，其中 l 为固定的正整数。

算法 8 给出了次梯度算法的伪代码。

算法 8　次梯度算法

输入: μ、P、θ、TRDG 和 MaxIt。

输出: $\bar{x}$、f^u、f_{D}^l 和 RDG。

步骤 1，初始化。令 $\lambda^1 = \dfrac{\theta}{\sqrt{m}}(1, \cdots, 1)^{\mathrm{T}}$，$f^u = \infty$，$f_{\mathrm{D}}^l = -\infty$ 和 $k = 1$。

步骤 2，更新原始变量。求解 (P_{λ^k}) 得到 $x^k \in \bar{X}_{\lambda^k}$ 和 $g(\lambda_k)$，计算 $y^k = \dfrac{(\lambda^k)^{\mathrm{T}} P^{\mathrm{T}} x^k}{\theta^2} \lambda^k$，更新 $f_{\mathrm{D}}^l = \max\{f_{\mathrm{D}}^l, g(\lambda^k)\}$。如果 $f^u > f(x^k)$，那么令 $f^u = f(x^k)$ 和 $\bar{x} = x^k$。

步骤 3，更新拉格朗日乘子。使用式 (6.14) 和式 (6.15) 更新 λ^{k+1}。

步骤 4，终止条件。更新 $\mathrm{RDG} = \dfrac{f^u - f_{\mathrm{D}}^l}{f_{\mathrm{D}}^l} \times 100\%$。如果 $\mathrm{RDG} \leqslant \mathrm{TRDG}$ 或 $k \geqslant \mathrm{MaxIt}$，算法终止；否则，令 $k = k+1$ 并跳到步骤 2。

6.4　处理负环的方法

当最短路问题 (P_λ) 中存在负环时，经典的标签法将在 $O(mn)$ 内返回负环，无法给出无环最短路。为处理该问题，我们对前面提出的两种算法进行改进来处理负环。

6.4.1　改进的约束生成算法

假设在第 k 次迭代中，我们检测到负环 x^k，即 $(\mu + P\lambda^k)^{\mathrm{T}} x^k < 0$。为了避免后续运算中再次得到这个负环，我们通过在 (MP^k) 中引入如下约束对算法的主问题进行改进，即

$$(\mu + P\lambda)^{\mathrm{T}} x^k \geqslant 0$$

因此，算法 7 的步骤 2 和 3 可以修改如下。

步骤 2，如果检测到负环 x^k，不再更新 f_{D}^l、f^u 和 $\bar{x}$。

步骤 3，如果检测到负环 x^k，求解如下修改的主问题 (modified MP, MMP)，并更新 $f_{\mathrm{D}}^u = \min\{f_{\mathrm{D}}^u, \gamma^k\}$，其中 γ^k 为 (MMP^k) 的最优值。主问题为

$$(\mathrm{MMP}^k)\quad \max\ \gamma$$
$$\mathrm{s.t.}\quad \gamma \leqslant \mu^{\mathrm{T}} x^t + (x^t)^{\mathrm{T}} P\lambda,\quad t \in K_p$$
$$0 \leqslant \mu^{\mathrm{T}} x^t + (x^t)^{\mathrm{T}} P\lambda,\quad t \in K_c$$
$$\|\lambda\| \leqslant \theta$$

其中，K_p 为无环路径的下标集合；K_c 为负环的下标集合。

6.4.2　改进的次梯度投影算法

下面讨论如何改进次梯度投影算法来处理负环 x^k，其中 $\mu^{\mathrm{T}} x^k + (x^k)^{\mathrm{T}} P\lambda^k < 0$。为避免在第 $(k+1)$ 次迭代中仍得到该负环，λ^{k+1} 应满足 $\mu^{\mathrm{T}} x^k + (x^k)^{\mathrm{T}} P\lambda^{k+1} \geqslant 0$ 和 $\|\lambda^{k+1}\| = \theta$，因此我们将 λ^k 向如下区域投影，即

$$(\mathrm{PP})\quad \min\{\|\lambda - \lambda^k\|^2 : a^{\mathrm{T}}\lambda + b \geqslant 0, \|\lambda\| = \theta\}$$

其中，$a = P^{\mathrm{T}} x^k$；$b = \mu^{\mathrm{T}} x^k > 0$；$a^{\mathrm{T}}\lambda^k + b < 0$；$\|\lambda^k\| = \theta$。

令 $\mathrm{Proj}(\lambda^k)$ 为 (PP) 最优解的集合，更新 λ 为 $\lambda^{k+1} \in \mathrm{Proj}(\lambda^k)$，可以避免再次得到负环 x^k。

(PP) 为特殊的非凸优化问题。下面的定理给出了投影运算 $\mathrm{Proj}(\lambda^k)$ 的性质。

引理 6.2　当 $r > 1$ 时，对任意 $\bar{\lambda} \in \mathrm{Proj}(\lambda^k)$，我们有 $a^{\mathrm{T}}\bar{\lambda} + b = 0$。

证明　对满足 $\|\lambda\| = \theta$ 的任意 λ，我们有 $\|\lambda - \lambda^k\|^2 = \|\lambda\|^2 + \|\lambda^k\|^2 - 2(\lambda^k)^{\mathrm{T}}\lambda = 2\theta^2 - 2(\lambda^k)^{\mathrm{T}}\lambda$。因此，$\mathrm{Proj}(\lambda^k)$ 是如下优化问题的最优解集合，即

$$(\mathrm{OP})\quad \max\{(\lambda^k)^{\mathrm{T}}\lambda : a^{\mathrm{T}}\lambda + b \geqslant 0, \|\lambda\| = \theta\}$$

首先，证明对任意 $\bar{\lambda} \in \mathrm{Proj}(\lambda^k)$，我们有 $0 \leqslant (\lambda^k)^{\mathrm{T}}\bar{\lambda} < \theta^2$。事实上，因为 $(\lambda^k)^{\mathrm{T}}\bar{\lambda} \leqslant \left(\bar{\lambda}^{\mathrm{T}}\bar{\lambda} + (\lambda^k)^{\mathrm{T}}\lambda^k\right)/2 = \theta^2$ 和 $\bar{\lambda} \neq \lambda^k$，我们有 $(\lambda^k)^{\mathrm{T}}\bar{\lambda} < \theta^2$。为证

明 $0 \leqslant (\lambda^k)^T \bar{\lambda}$，考虑线性方程组 $A\lambda = 0$，其中 $A = (\lambda^k; a)^T \in \mathbf{R}^{2 \times r}$。当 $r > 2$ 时，因为 A 的秩满足 $\mathrm{Rank}(A) \leqslant 2 < r$，所以存在非零 λ' 使得 $A\lambda' = 0$。因此，$a^T \dfrac{\theta \lambda'}{\|\lambda'\|} + b = b > 0$ 和 $(\lambda^k)^T \bar{\lambda} \geqslant (\lambda^k)^T \dfrac{\theta \lambda'}{\|\lambda'\|} = 0$ 成立。当 $r = 2$ 时，令 $\lambda' = (-\lambda_2^k, \lambda_1^k)^T$、$\lambda'' = -\lambda'$，因为 $\|\lambda'\| = \|\lambda''\| = \|\lambda^k\| = \theta$，$\lambda'$ 或者 λ'' 必满足 $a^T\lambda + b \geqslant b > 0$，所以 $(\lambda^k)^T \bar{\lambda} \geqslant \min\{(\lambda^k)^T \lambda', (\lambda^k)^T \lambda''\} = 0$。

下面采用反证法证明这个结论。假设 $\bar{\lambda} \in \mathrm{Proj}(\lambda^k)$ 并且 $a^T\bar{\lambda} + b > 0$，令 $\lambda_w = \theta \dfrac{w\lambda^k + (1-w)\bar{\lambda}}{\|w\lambda^k + (1-w)\bar{\lambda}\|}$，其中 $w \in [0,1]$。我们先证明对任意 $w \in (0,1)$，有 $(\lambda^k)^T\lambda_w > (\lambda^k)^T\bar{\lambda}$，即

$$\theta(\lambda^k)^T[w\lambda^k + (1-w\bar{\lambda})] > (\lambda^k)^T\bar{\lambda}\|w\lambda^k + (1-w)\bar{\lambda}\| \tag{6.16}$$

因为 $(\lambda^k)^T\bar{\lambda} \geqslant 0$，为证明式 (6.16)，我们将两边平方。下面只需要证明

$$\theta^2\left[w^2\theta^4 + (1-w)^2\delta^2 + 2w(1-w)\theta^2\delta\right] > \delta^2\left[w^2\theta^2 + (1-w)^2\theta^2 + 2w(1-w)\delta\right] \tag{6.17}$$

其中，$\delta = (\lambda^k)^T\bar{\lambda} \in [0, \theta^2)$。

因为 $(\theta^4 - \delta^2)[w^2\theta^2 + 2w(1-w)\delta] > 0$ ($w \in (0,1)$)，所以 $(\lambda^k)^T\lambda_w > (\lambda^k)^T\bar{\lambda}$。我们证明了存在 $w \in (0,1)$，使得 $a^T\lambda_w + b \geqslant 0$。考虑 $[0,1]$ 上的连续函数 $h(w) = a^T\lambda_w + b$，因为 $h(0) = a^T\bar{\lambda} + b > 0$，所以存在 $w' \in (0,1)$，使得 $h(w) \geqslant 0$。因此，我们构造 $\lambda_{w'}$，使得 $a^T\lambda_{w'} + b \geqslant 0$、$\|\lambda_{w'}\| = \theta$，并且 $(\lambda^k)^T\lambda_{w'} > (\lambda^k)^T\bar{\lambda}$。这与 $\bar{\lambda}$ 的最优性矛盾。 □

图 6.1 给出了当 $r = 2$ 时，投影运算的示意图。基于引理 6.2，我们可以给出 $\lambda^{k+1} \in \mathrm{Proj}(\lambda^k)$ 的解析表达式。

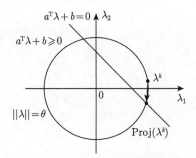

图 6.1 $r = 2$ 时投影运算的示意图

定理 6.4　当 $r > 1$ 时, 对任意满足 $a^{\mathrm{T}}\lambda^k + b < 0$ 和 $\|\lambda^k\| = \theta$ 的 λ^k, 我们有

$$\text{Proj}(\lambda^k) = \frac{s_1}{s_2}\lambda^k - \frac{s_1 a^{\mathrm{T}}\lambda^k + s_2 b}{s_2 a^{\mathrm{T}} a} a \tag{6.18}$$

其中, $s_1 = \sqrt{a^{\mathrm{T}} a \theta^2 - b^2}$; $s_2 = \sqrt{a^{\mathrm{T}} a \theta^2 - (a^{\mathrm{T}}\lambda^k)^2}$。

证明　由 $a^{\mathrm{T}}\lambda^k + b < 0$、$b > 0$, 我们有 $a \neq 0$。不失一般性, 假定 $a_1 \neq 0$, 令 $p = \left(\dfrac{a_2}{a_1}, \dfrac{a_3}{a_1}, \cdots, \dfrac{a_r}{a_1}\right)^{\mathrm{T}}$、$q = \dfrac{b}{a_1}$、$\eta = (\lambda_2, \lambda_3, \cdots, \lambda_r)^{\mathrm{T}}$、$d = \left(\dfrac{a_1\lambda_2^k - a_2\lambda_1^k}{a_1}, \right.$

$\left.\dfrac{a_1\lambda_3^k - a_2\lambda_1^k}{a_1}, \cdots, \dfrac{a_1\lambda_r^k - a_r\lambda_1^k}{a_1}\right)^{\mathrm{T}}$,利用引理 6.2, 令 $\lambda_1 = -\dfrac{b + \sum\limits_{i=2}^{r} a_i\lambda_i}{a_1} = -p^{\mathrm{T}}\eta -$

q 和 $(\lambda^k)^{\mathrm{T}}\lambda = \sum\limits_{i=2}^{r} \dfrac{a_1\lambda_i^k - a_i\lambda_1^k}{a_1}\lambda_i - \dfrac{b\lambda_1^k}{a_1} = d^{\mathrm{T}}\eta - \dfrac{b\lambda_1^k}{a_1}$。因此, 优化问题可以简化为

$$\max\{d^{\mathrm{T}}\eta : \eta^{\mathrm{T}} B \eta + 2qp^{\mathrm{T}}\eta + q^2 = \theta^2\}$$

其中, $B = I + pp^{\mathrm{T}}$ 为 $(r-1) \times (r-1)$ 的正定矩阵, $B^{-1} = I - \dfrac{pp^{\mathrm{T}}}{1 + p^{\mathrm{T}} p}$。

利用

$$\eta^{\mathrm{T}} B \eta + 2qp^{\mathrm{T}}\eta + q^2 - \theta^2 = \left(\eta + qB^{-1}p\right)^{\mathrm{T}} B \left(\eta + qB^{-1}p\right) + q^2(1 - p^{\mathrm{T}} B^{-1} p) - \theta^2$$

和

$$q^2(1 - p^{\mathrm{T}} B^{-1} p) = q^2\left[1 - p^{\mathrm{T}}\left(I - \frac{pp^{\mathrm{T}}}{1 + p^{\mathrm{T}} p}\right)p\right] = \frac{q^2}{1 + p^{\mathrm{T}} p} = \frac{b^2}{a^{\mathrm{T}} a}$$

并引入辅助变量 $\xi = B^{1/2}\left(\eta + qB^{-1}p\right)$, 即 $\eta = B^{-1/2}\xi - qB^{-1}p$, 我们可以将优化问题转化为如下等价优化问题 (equal optimization problem, EOP), 即

$$\text{(EOP)}\quad \max\left\{d^{\mathrm{T}} B^{-1/2}\xi : \xi^{\mathrm{T}}\xi = \theta^2 - \frac{b^2}{a^{\mathrm{T}} a}\right\}$$

因为 $0 < b < -a^{\mathrm{T}}\lambda^k$, 我们有 $b^2 < (a^{\mathrm{T}}\lambda^k)^2 \leqslant \|\lambda^k\|^2 a^{\mathrm{T}} a = \theta^2 a^{\mathrm{T}} a$, 所以 $\theta^2 - \dfrac{b^2}{a^{\mathrm{T}} a} > 0$。易知, $\xi^* = \sqrt{\theta^2 - \dfrac{b^2}{a^{\mathrm{T}} a}}\dfrac{B^{-1/2} d}{\|B^{-1/2} d\|}$ 是等价优化问题的唯一最优解, 因此优化问题的唯一最优解为

$$\eta^* = B^{-1/2}\xi^* - qB^{-1}p = \sqrt{\theta^2 - \frac{b^2}{a^{\mathrm{T}} a}}\frac{B^{-1} d}{\|B^{-1/2} d\|} - qB^{-1}p$$

为简化 η^*,令 $\lambda_-^k = (\lambda_2^k, \lambda_3^k, \cdots, \lambda_r^k)^{\mathrm{T}}$ 和 $a_- = (a_2, a_3, \cdots, a_r)^{\mathrm{T}}$。因为 $B^{-1}d = \left(I - \dfrac{pp^{\mathrm{T}}}{1+p^{\mathrm{T}}p}\right)(\lambda_-^k - \lambda_1^k a_-) = \lambda_-^k - \dfrac{a^{\mathrm{T}}\lambda^k}{a^{\mathrm{T}}a}a_-$、$d^{\mathrm{T}}B^{-1/2}d = (\lambda_-^k - \lambda_1^k a_-)$ $\left(\lambda_-^k - \dfrac{a^{\mathrm{T}}\lambda^k}{a^{\mathrm{T}}a}\lambda_1^k a_-\right) = (\lambda^k)^{\mathrm{T}}\lambda^k - \dfrac{a^{\mathrm{T}}\lambda^k}{a^{\mathrm{T}}a} = \theta^2 - \dfrac{(a^{\mathrm{T}}\lambda^k)^2}{a^{\mathrm{T}}a}$ 和 $qB^{-1}p = \dfrac{ba_-}{a^{\mathrm{T}}a}$,所以

$$\eta^* = \frac{s_1}{s_2}\lambda_-^k - \frac{s_1 a^{\mathrm{T}}\lambda^k + s_2 b}{s_2 a^{\mathrm{T}}a}a_- \tag{6.19}$$

其中,$s_1 = \sqrt{a^{\mathrm{T}}a\theta^2 - b^2}$;$s_2 = \sqrt{a^{\mathrm{T}}a\theta^2 - (a^{\mathrm{T}}\lambda^k)^2}$,$s_1 > s_2$。

因为 $\lambda_1^* = -p^{\mathrm{T}}\eta^* - q$,所以

$$\lambda_1^* = \frac{s_1}{s_2}\lambda_1^k - \frac{s_1 a^{\mathrm{T}}\lambda^k + s_2 b}{s_2 a^{\mathrm{T}}a}a_1 \tag{6.20}$$

结合式 (6.19) 和式 (6.20),从而完成证明。　　　　　　　　　　　　□

基于上述分析,我们通过修改算法 8 的步骤 2 和 3 来处理负环。

步骤 2,如果检测到负环 x^k,不再更新 f_{D}^l,f^u 和 $\bar{x}$;

步骤 3,如果检测到负环 x^k,使用式 (6.18) 更新 λ^{k+1};否则,使用式 (6.14) 和式 (6.15) 更新 λ^{k+1}。

6.4.3　算法复杂度分析

对约束生成算法,求解 (P_{λ^k}) 和 (MMP^k) 是最耗时的运算。经典的标签法在 $O(mn)$ 求解 (P_{λ^k}),并返回一条无环最短路或者一个负环。我们采用内点法得到 (MMP^k) 的 ϵ-最优解,其计算复杂度为 $\mathcal{O}((r+k)^{1.5}r^2\mathrm{Digits}(k,\epsilon))$,其中 $\mathrm{Digits}(k,\epsilon)$ 为 ϵ- 最优解的精度数[135],即

$$\mathrm{Digits}(k,\epsilon) = \ln\left(\frac{\mathrm{Size}(k) + \|\mathrm{Data}(k)\|_1 + \epsilon^2}{\epsilon}\right)$$

其中,$\mathrm{Data}(k) = [r; k; \mu^{\mathrm{T}}x^1; P^{\mathrm{T}}x^1; \cdots; \mu^{\mathrm{T}}x^k; P^{\mathrm{T}}x^k; \theta]$;$\mathrm{Size}(k) = k(r+1) + 3$。

对给定的 k,计算 $P^{\mathrm{T}}x^k$ 花费 $\mathcal{O}(mr)$ 时间。因此,如果约束生成算法的最大迭代步数设定为 MaxIt,并且求解 (MMP^k) 的计算精度设定为 ϵ,那么其计算复杂度为 $\mathcal{O}(\mathrm{MaxIt} \cdot [(r + \mathrm{MaxIt})^{1.5}r^2\mathrm{Digits}(\mathrm{MaxIt},\epsilon) + m(n+r)])$。

投影次梯度算法中最耗时的运算在于求解 (P_{λ^k}) 和更新拉格朗日乘子。其中使用式 (6.14)、式 (6.15) 和式 (6.18) 更新拉格朗日乘子需要花费时间为 $\mathcal{O}(mr)$。因此,投影次梯度算法的计算复杂度为 $\mathcal{O}(\mathrm{MaxIt} \cdot m(n+r))$。当 r 较大时,投影次梯度算法的计算效率优于约束生成算法的计算效率。

6.5　拉格朗日算法对偶间隙分析

本节分析各种拉格朗日方法的对偶间隙，并证明所提的方法比现有方法的对偶间隙更小。因此，我们首先引入一些相关符号。令 $\bar{X}'$ 为 $\bar{X}$ 的连续松弛，即 $\bar{X}' = \{x : (6.2), (6.3), x_{ij} \in [0,1], \forall (i,j) \in A\}$。(P) 的连续松弛问题可以定义为

$$(\text{P4}) \quad \min\{f(x) : x \in \bar{X}'\}$$

令 f_{CA} 为 (P4) 的最优值，定义 (P) 的二次松弛问题为

$$(\text{P5}) \quad \min\left\{\mu^{\mathrm{T}}x + \theta/\sqrt{\sigma_{\max}^2}\|P^{\mathrm{T}}x\|^2 : x \in \text{conv}(\bar{X})\right\}$$

令 f_{QA} 为 (P5) 的最优值，f_{XZ} 为 (D1) 的最优值，Xing 等 [128] 和 Zeng 等 [130] 提出的拉格朗日松弛算法就是针对求解 (D1) 设计的，其对应的对偶最优值为 f_{XZ}。

利用定理 6.2，我们有如下结论。

定理 6.5　$f^* \geqslant f_{\text{D}} = f_{\text{CH}} \geqslant f_{\text{CA}}$。

证明　因为 f^* 和 f_{D} 为 (P) 和 (D2) 的最优值，利用弱对偶定理，我们有 $f^* \geqslant f_{\text{D}}$。定理 6.2 表明，$f_{\text{D}} = f_{\text{CH}}$。因为 $\text{conv}(\bar{X}) \subseteq \bar{X}'$，我们有 $f_{\text{CH}} \geqslant f_{\text{CA}}$。　　□

一般情况下，$\text{conv}(\bar{X}) \neq \bar{X}'$，而且 $\text{conv}(\bar{X})$ 的显示形式难以刻画。定理 6.5 表明，提出的拉格朗日松弛方法提供了一种计算 f^* 下界的有效方法，而且这个下界不差于求解凸包估计问题 (P3)。

为了比较 f_{D} 和 f_{XZ}，我们首先证明如下结论。

引理 6.3　令 x_{CH} 和 x_{QA} 为 (P3) 和 (P5) 的最优解，则有 $\|P^{\mathrm{T}}x_{\text{CH}}\| \leqslant \sqrt{\sigma_{\max}^2}$、$\|P^{\mathrm{T}}x_{\text{QA}}\| \leqslant \sqrt{\sigma_{\max}^2}$、$f_{\text{CH}} \geqslant f_{\text{QA}}$。

证明　我们利用反证法证明该结论。假定 x_{CH} 是 (P3) $\min\{f(x) : x \in \text{conv}(\bar{X})\}$ 的最优解，并且 $\|P^{\mathrm{T}}x_{\text{CH}}\| > \sqrt{\sigma_{\max}^2}$。利用 x_μ 和 $\sigma_{\max}^2$ 的定义，我们有 $\|P^{\mathrm{T}}x_\mu\| = \sqrt{\sigma_{\max}^2}, \mu^{\mathrm{T}}x_\mu \leqslant \mu^{\mathrm{T}}x_{\text{CH}}$，因此

$$f(x_\mu) = \mu^{\mathrm{T}}x_\mu + \theta\|P^{\mathrm{T}}x_\mu\| = \mu^{\mathrm{T}}x_\mu + \theta\sqrt{\sigma_{\max}^2} < \mu^{\mathrm{T}}x_{\text{CH}} + \theta\|P^{\mathrm{T}}x_{\text{CH}}\| = f(x_{\text{CH}}) \tag{6.21}$$

这与 x_{CH} 的最优性矛盾。类似于式 (6.21) 的证明分析，我们可以证明 $\|P^{\mathrm{T}}x_{\text{QA}}\| \leqslant \sqrt{\sigma_{\max}^2}$。

利用 $\|P^{\mathrm{T}}x_{\text{CH}}\| \leqslant \sqrt{\sigma_{\max}^2}$ 和 $\|P^{\mathrm{T}}x_{\text{QA}}\| \leqslant \sqrt{\sigma_{\max}^2}$，我们有

$$f_{\text{CH}} \tag{6.22}$$

$$= \min\left\{\mu^{\mathrm{T}}x + \theta\|P^{\mathrm{T}}x\| : x \in \text{conv}(\bar{X}), \|P^{\mathrm{T}}x\| \leqslant \sqrt{\sigma_{\max}^2}\right\}$$

$$\geq \min\left\{\mu^{\mathrm{T}}x + \theta/\sqrt{\sigma_{\max}^2}\|P^{\mathrm{T}}x\|^2 : x \in \mathrm{conv}(\bar{X}), \|P^{\mathrm{T}}x\| \leq \sqrt{\sigma_{\max}^2}\right\} \qquad (6.23)$$

$$= \min\left\{\mu^{\mathrm{T}}x + \theta/\sqrt{\sigma_{\max}^2}\|P^{\mathrm{T}}x\|^2 : x \in \mathrm{conv}(\bar{X})\right\}$$

$$= f_{\mathrm{QA}}$$

其中，式 (6.23) 利用当 $\|P^{\mathrm{T}}x\| \leq \sqrt{\sigma_{\max}^2}$ 时，$\|P^{\mathrm{T}}x\|/\sqrt{\sigma_{\max}^2} \leq 1$ 的条件。 □

Xing 等 [128] 和 Zeng 等 [130] 证明了对 (P) 的最优值 x^*，$\|P^{\mathrm{T}}x^*\| \leq \sqrt{\sigma_{\max}^2}$。引理 6.3 进一步证明问题 (P3) 和 (P5) 的最优解也满足这一性质。

下面证明 $f_{\mathrm{QA}} = f_{\mathrm{XZ}}$，从而 $f_{\mathrm{D}} \geq f_{\mathrm{XZ}}$，即我们提出的拉格朗日松弛方法与 Xing 等 [128] 和 Zeng 等 [130] 提出的方法相比具有更小的对偶间隙。我们首先简化 (D1)。

引理 6.4 (D1) 与如下问题具有相同的最优目标值，即

$$(\mathrm{D3}) \quad \max \ g(\lambda) - \sigma_{\max}^2 v - \frac{\lambda^{\mathrm{T}}\lambda}{4v} + \theta\sqrt{\sigma_{\max}^2}$$

$$\mathrm{s.t.} \quad v \geq \theta/\sqrt{\sigma_{\max}^2}, \quad \lambda \in \mathbf{R}^r$$

证明 对任意给定的 $\lambda \in \mathbf{R}^r$ 和 $v \in \mathbf{R}$，易知 $L_x(\lambda) = g(\lambda)$，且有

$$L_y(\lambda, v) = \min_{y \in \mathbf{R}^r}\left\{v y^{\mathrm{T}}y - \lambda^{\mathrm{T}}y\right\} = \begin{cases} -\infty, & v \leq 0 \\[2mm] -\dfrac{\lambda^{\mathrm{T}}\lambda}{4v}, & v > 0 \end{cases}$$

$$L_z(v) = \min_{0 \leq z \leq \sigma_{\max}^2}\left\{\theta\sqrt{z} - vz\right\} = \begin{cases} 0, & v \leq \dfrac{\theta}{\sqrt{\sigma_{\max}^2}} \\[3mm] \theta\sqrt{\sigma_{\max}^2} - \sigma_{\max}^2 v, & v \geq \dfrac{\theta}{\sqrt{\sigma_{\max}^2}} \end{cases}$$

因此，为了最大化 $\{L_x(\lambda) + L_y(\lambda, v) + L_z(v)\}$，我们只需要考虑 $v > 0$。进而，对任意 $\lambda \in \mathbf{R}^r$，$\max\{L_x(\lambda) + L_y(\lambda, v) + L_z(v) : 0 \leq v \leq \theta/\sqrt{\sigma_{\max}^2}\}$ 在 $v = \theta/\sqrt{\sigma_{\max}^2}$ 处获得最大值。因此，(D1) 的最大值可以在满足 $v \geq \theta/\sqrt{\sigma_{\max}^2}$ 和 $\lambda \in \mathbf{R}^r$ 的条件下，通过最大化 $\left\{g(\lambda) - \sigma_{\max}^2 v - \dfrac{\lambda^{\mathrm{T}}\lambda}{4v} + \theta\sqrt{\sigma_{\max}^2}\right\}$ 得到。 □

基于引理 6.3 和引理 6.4，下面证明 $f_{\mathrm{XZ}} = f_{\mathrm{QA}}$。

定理 6.6 $f_{\mathrm{XZ}} = f_{\mathrm{QA}}$。

证明 对任意 $\lambda \in \mathbf{R}^r$，我们有

$$\max_{v \geq \theta/\sqrt{\sigma_{\max}^2}}\left\{-v\sigma_{\max}^2 - \frac{\lambda^{\mathrm{T}}\lambda}{4v}\right\} = \begin{cases} -\theta\sqrt{\sigma_{\max}^2} - \dfrac{\sqrt{\sigma_{\max}^2}\|\lambda\|^2}{4\theta}, & \|\lambda\| \leq 2\theta \\[3mm] -\sqrt{\sigma_{\max}^2}\|\lambda\|, & \|\lambda\| \geq 2\theta \end{cases}$$

利用引理 6.4，我们有 $f_{\mathrm{XZ}} = \max\{f_1, f_2\}$，其中

$$
\begin{cases}
f_1 = \max\left\{g(\lambda) - \sqrt{\sigma_{\max}^2}\|\lambda\|^2/(4\theta) : \|\lambda\| \leqslant 2\theta\right\} \\[2mm]
f_2 = \max\left\{g(\lambda) - \sqrt{\sigma_{\max}^2}\|\lambda\| + \theta\sqrt{\sigma_{\max}^2} : \|\lambda\| \geqslant 2\theta\right\}
\end{cases}
$$

下面分三步证明这个定理。

(1) 证明 $f_1 = f_{\mathrm{QA}}$。

对任意 $\lambda \in \mathbf{R}^r$，令 $t = \|\lambda\| \geqslant 0$ 和 $u = \lambda/\|\lambda\|$，即 $\lambda = tu$ 和 $\|u\| = 1$。我们有

$$
f_1 = \max_{\|\lambda\| \leqslant 2\theta}\left\{\min_{x \in \mathrm{conv}(\bar{X})}\left\{(\mu + P\lambda)^{\mathrm{T}}x\right\} - \sqrt{\sigma_{\max}^2}\|\lambda\|^2/(4\theta)\right\}
$$

$$
= \min_{x \in \mathrm{conv}(\bar{X})}\left\{\max_{t \in [0,2\theta],\,\|u\|=1}\left\{(\mu + tPu)^{\mathrm{T}}x\right\} - \sqrt{\sigma_{\max}^2}t^2/(4\theta)\right\} \quad (6.24)
$$

$$
= \min_{x \in \mathrm{conv}(\bar{X})}\max_{t \in [0,2\theta]}\left\{\max_{\|u\|=1}\left\{(\mu + tPu)^{\mathrm{T}}x\right\} - \sqrt{\sigma_{\max}^2}t^2/(4\theta)\right\}
$$

$$
= \min_{x \in \mathrm{conv}(\bar{X})}\max_{t \in [0,2\theta]}\left\{\mu^{\mathrm{T}}x + \|P^{\mathrm{T}}x\|t - \sqrt{\sigma_{\max}^2}t^2/(4\theta)\right\} \quad (6.25)
$$

式 (6.24) 利用 Minimax 定理 [134]，式 (6.25) 利用 $\max\{t(Pu)^{\mathrm{T}}x : \|u\| = 1\} = \|P^{\mathrm{T}}x\|t\ (\,t \geqslant 0)$。

对任意 $x \in \mathrm{conv}(\bar{X})$，我们有

$$
\max_{t \in [0,2\theta]}\left\{\|P^{\mathrm{T}}x\|t - \sqrt{\sigma_{\max}^2}/(4\theta)t^2\right\} =
\begin{cases}
\theta/\sqrt{\sigma_{\max}^2}\|P^{\mathrm{T}}x\|^2, & \|P^{\mathrm{T}}x\| \leqslant \sqrt{\sigma_{\max}^2} \\[2mm]
2\theta\|P^{\mathrm{T}}x\| - \theta\sqrt{\sigma_{\max}^2}, & \|P^{\mathrm{T}}x\| \geqslant \sqrt{\sigma_{\max}^2}
\end{cases}
$$

因此，$f_1 = \min\{f_{11}, f_{12}\}$，其中

$$
\begin{cases}
f_{11} = \min\left\{\mu^{\mathrm{T}}x + \theta/\sqrt{\sigma_{\max}^2}\|P^{\mathrm{T}}x\|^2 : x \in \mathrm{conv}(\bar{X}),\ \|P^{\mathrm{T}}x\| \leqslant \sqrt{\sigma_{\max}^2}\right\} \\[2mm]
f_{12} = \min\left\{\mu^{\mathrm{T}}x + 2\theta\|P^{\mathrm{T}}x\| - \theta\sqrt{\sigma_{\max}^2} : x \in \mathrm{conv}(\bar{X}),\ \|P^{\mathrm{T}}x\| \geqslant \sqrt{\sigma_{\max}^2}\right\}
\end{cases}
$$

利用引理 6.3，我们有 $f_{11} = f_{\mathrm{QA}}$。另外，我们有

$$
f_{12} \geqslant \min\left\{\mu^{\mathrm{T}}x + \theta\|P^{\mathrm{T}}x\| : x \in \mathrm{conv}(\bar{X}),\ \|P^{\mathrm{T}}x\| \geqslant \sqrt{\sigma_{\max}^2}\right\} \quad (6.26)
$$

$$
\geqslant \min\left\{\mu^{\mathrm{T}}x + \theta\|P^{\mathrm{T}}x\| : x \in \mathrm{conv}(\bar{X})\right\} \quad (6.27)
$$

$$= f_{\mathrm{CH}}$$
$$\geqslant f_{\mathrm{QA}}$$
$$= f_{11}$$

式 (6.26) 利用了 $\|P^{\mathrm{T}}x\| \geqslant \sqrt{\sigma_{\max}^2}$，式 (6.27) 利用了对约束 $\|P^{\mathrm{T}}x\| \geqslant \sqrt{\sigma_{\max}^2}$ 的松弛。因此，$f_1 = \min\{f_{11}, f_{12}\} = f_{\mathrm{QA}}$。

(2) 证明 $f_2 \leqslant \min\left\{\mu^{\mathrm{T}}x + 2\theta\|P^{\mathrm{T}}x\| - \theta\sqrt{\sigma_{\max}^2} : x \in \mathrm{conv}(\bar{X}), \|P^{\mathrm{T}}x\| \leqslant \sigma_{\max}^2\right\}$。

令 $\lambda = tu$，其中 $t = \|\lambda\| \geqslant 0$ 和 $u = \dfrac{\lambda}{\|\lambda\|}$，我们有

$$f_2$$

$$= \max\left\{\min_{x \in \mathrm{conv}(\bar{X})}\left\{(\mu + tPu)^{\mathrm{T}}x\right\} - \sqrt{\sigma_{\max}^2}\,t : t \geqslant 2\theta, \|u\| = 1\right\} + \theta\sqrt{\sigma_{\max}^2}$$

$$= \max_{t \geqslant 2\theta}\left\{\max_{\|u\|=1}\ \min_{x \in \mathrm{conv}(\bar{X})}\left\{(\mu + tPu)^{\mathrm{T}}x\right\} - \sqrt{\sigma_{\max}^2}\,t\right\} + \theta\sqrt{\sigma_{\max}^2}$$

$$\leqslant \max_{t \geqslant 2\theta}\left\{\max_{\|u\|\leqslant 1}\ \min_{x \in \mathrm{conv}(\bar{X})}\left\{(\mu + tPu)^{\mathrm{T}}x\right\} - \sqrt{\sigma_{\max}^2}\,t\right\} + \theta\sqrt{\sigma_{\max}^2} \tag{6.28}$$

$$= \max_{t \geqslant 2\theta}\left\{\min_{x \in \mathrm{conv}(\bar{X})}\ \max_{\|u\|\leqslant 1}\left\{(\mu + tPu)^{\mathrm{T}}x\right\} - \sqrt{\sigma_{\max}^2}\,t\right\} + \theta\sqrt{\sigma_{\max}^2} \tag{6.29}$$

$$= \max_{t \geqslant 2\theta}\ \min_{x \in \mathrm{conv}(\bar{X})}\left\{\mu^{\mathrm{T}}x + t\|P^{\mathrm{T}}x\| - \sqrt{\sigma_{\max}^2}\,t\right\} + \theta\sqrt{\sigma_{\max}^2} \tag{6.30}$$

$$= \min_{x \in \mathrm{conv}(\bar{X})}\ \max_{t \geqslant 2\theta}\left\{\mu^{\mathrm{T}}x + t\|P^{\mathrm{T}}x\| - \sqrt{\sigma_{\max}^2}\,t\right\} + \theta\sqrt{\sigma_{\max}^2} \tag{6.31}$$

$$= \min_{x \in \mathrm{conv}(\bar{X})}\left\{\mu^{\mathrm{T}}x + 2\theta\|P^{\mathrm{T}}x\| - \theta\sqrt{\sigma_{\max}^2} : \|P^{\mathrm{T}}x\| \leqslant \sigma_{\max}^2\right\} \tag{6.32}$$

式 (6.28) 利用了从 $\|u\| = 1$ 到 $\|u\| \leqslant 1$ 的松弛。式 (6.29) 和式 (6.31) 利用 Minimax 定理 [134]。式 (6.30) 利用 $\max\{t(Pu)^{\mathrm{T}}x : \|u\| \leqslant 1\} = t\|P^{\mathrm{T}}x\|$。式 (6.32) 利用如果 $\|P^{\mathrm{T}}x\| > \sqrt{\sigma_{\max}^2}$，$\max\left\{\left(\|P^{\mathrm{T}}x\| - \sqrt{\sigma_{\max}^2}\right)t : t \geqslant 2\theta\right\} = \infty$；否则，$\max\left\{\left(\|P^{\mathrm{T}}x\| - \sqrt{\sigma_{\max}^2}\right)t : t \geqslant 2\theta\right\} = 2\theta\left(\|P^{\mathrm{T}}x\| - \sqrt{\sigma_{\max}^2}\right)$。

(3) 证明 $\min\left\{\mu^{\mathrm{T}}x + 2\theta\|P^{\mathrm{T}}x\| - \theta\sqrt{\sigma_{\max}^2} : x \in \mathrm{conv}(\bar{X}), \|P^{\mathrm{T}}x\| \leqslant \sigma_{\max}^2\right\} \leqslant f_{\mathrm{QA}}$。

对任意满足 $\|P^{\mathrm{T}}x\| \leqslant \sigma_{\max}^2$ 的 $x \in \mathrm{conv}(\bar{X})$，因为 $2\theta\|P^{\mathrm{T}}x\| \leqslant \theta/\sqrt{\sigma_{\max}^2}\|P^{\mathrm{T}}x\|^2 + \theta\sqrt{\sigma_{\max}^2}$，我们有

$$
\min\left\{\mu^{\mathrm{T}}x + 2\theta\|P^{\mathrm{T}}x\| - \theta\sqrt{\sigma_{\max}^2} : x \in \mathrm{conv}(\bar{X}), \|P^{\mathrm{T}}x\| \leqslant \sigma_{\max}^2\right\}
$$
$$
\leqslant \min\left\{\mu^{\mathrm{T}}x + \theta/\sqrt{\sigma_{\max}^2}\|P^{\mathrm{T}}x\|^2 : x \in \mathrm{conv}(\bar{X}), \|P^{\mathrm{T}}x\| \leqslant \sqrt{\sigma_{\max}^2}\right\}
$$
$$
= \min\left\{\mu^{\mathrm{T}}x + \theta/\sqrt{\sigma_{\max}^2}\|P^{\mathrm{T}}x\|^2 : x \in \mathrm{conv}(\bar{X})\right\} \tag{6.33}
$$
$$
= f_{\mathrm{QA}}
$$

式 (6.33) 利用引理 6.3。

综上所述，我们有 $f_{\mathrm{XZ}} = \max\{f_1, f_2\} = f_{\mathrm{QA}}$。　　　　　　　　　　　□

利用引理 6.3 和定理 6.6，我们有如下结论。

定理 6.7　$f^* \geqslant f_{\mathrm{D}} = f_{\mathrm{CH}} \geqslant f_{\mathrm{QA}} = f_{\mathrm{XZ}}$。

定理 6.5 和定理 6.7 的结论可以总结如下。

(1) 本书提出的拉格朗日松弛方法可以提供 f^* 的更加紧致下界 f_{D}，并且这个下界和求解 f_{CH} 问题得到的下界相同，但是不需要对 $\mathrm{conv}(\bar{X})$ 进行显式刻画。

(2) 本书提出的拉格朗日松弛方法给出的下界 f_{D} 比现有方法 [128,130] 的下界 f_{XZ} 更紧。

(3) 本书提出的拉格朗日松弛方法给出的下界 f_{D} 也优于求解连续松弛问题 (P4) 得到的下界 f_{CA}。

6.6　数值实验

6.6.1　计算算例

我们在三个实际交通网络上进行数值实验，包括 Gold Coast 网络、Austin 网络和 Philadelphia 网络。表 6.1 给出了这些实际交通网络参数。对于交通网络的边 $ij \in A$，其平均旅行时间来自文献 [114]。我们利用 Shahabi 等[122] 的方法生成协方差矩阵，即 σ_{ij} 方差为

$$
\sigma_{ij} = \mathrm{Uniform}(0, \kappa)\mu_{ij}
$$

其中，$\kappa > 0$ 为预先设定的最大变异系数。

表 6.1　实际交通网络参数

网络	n	m
Gold Coast Network (GCN)	4807	11140
Austin Network (AN)	7388	18961
Philadelphia Network (PN)	13389	40003

我们利用 Hardin 等 [115] 的 Toeplitz 方法生成相关系数矩阵，使相关系数属于区间 $[-\rho, \rho]$，其中 $1 \geqslant \rho \geqslant 0$。具体生成方式参见文献 [133]。我们取 $\kappa \in \{0.2, 0.4, 0.6\}$、$\rho \in \{0.3, 0.6, 0.9\}$，并且采样数目为 $T \in \{500, 1000, 1500\}$。模型参数如表 6.2 所示。

表 6.2   模型参数

参数	描述
$\kappa \in \{0.2, 0.4, 0.6\}$	最大变异系数
$\rho \in \{0.3, 0.6, 0.9\}$	相关系数的最大值
$T \in \{500, 1000, 1500\}$	采样大小
$\theta \in \{0.67, 1.04, 1.64, 2.32, 3.09\}$	风险系数
$\alpha \in \{0.75, 0.85, 0.95, 0.99, 0.999\}$	置信水平

风险系数及起止对的选取方式如下。风险系数 θ 依据 $\theta = \Phi^{-1}(\alpha)$ 产生，其中 Φ^{-1} 为正态分布的累积分布函数的逆函数，并且 $\alpha \geqslant 0.5$ 是预先设定的置信水平 [136]。对应于 $\alpha \in \{0.75, 0.85, 0.95, 0.99, 0.999\}$，我们选取一系列风险系数 $\theta \in \{0.67, 1.04, 1.64, 2.32, 3.09\}$，其与从 0.5 到 3.2 变化的经验风险系数吻合 [137]。为了获得不同的起止对，首先随机选择起始点，然后按照到该节点的 ETT 从小到大排序，最后从 ETT 最大的 50% 的节点中随机选择 10 个终点。下面根据这些随机生成的算例计算平均结果。

6.6.2   算法实现

因为不同的矩阵分解方法对拉格朗日松弛算法的对偶间隙和执行影响较小，所以采用基于采样的矩阵分解方法进行测试。我们采用经典的标签修正方法 [138] 求解最短路问题。为了尽早检测到可能的负环路径，在执行标签修正方法前，首先检测任意的节点对是否满足 $c_{ij} + c_{ji} < 0$。这些操作可以在 $\mathcal{O}(m)$ 时间内完成。我们将提出的改进的约束生成算法和次梯度投影算法简记为 LR-CG 和 LR-SP。Xing 等 [128] 提出的拉格朗日松弛算法简记为 LR-XZ，外部估计方法简记为 OA。我们采用 CPLEX 12.6 求解主问题。算法参数如表 6.3 所示。在所有算法中，我们设定运行时间为 600 s，所有算例均在同一计算平台上实现。

表 6.3   算法参数

参数	描述	算法	取值
TRDG	RDG 精度	LR-CG, LR-SP, LR-XZ, OA	10^{-5}
TRIG	RIG 精度	LR-CG	10^{-6}
MaxIt	最大迭代次数	LR-CG, LR-SP, LR-XZ, OA	50
δ^k	第 k 次迭代的步长	LR-SP, LR-XZ	$\dfrac{2}{k+1}$

6.6.3　计算性能分析

采用 RDG 度量拉格朗日松弛算法的收敛率和收敛精度。对于约束生成算法 (LR-CG)，同时采用 RIG 度量其收敛性能。为了比较不同算法给出的解的最优性，引入如下最优性指标，即

$$\text{Opt} = \frac{f(x_{\text{LR}}) - f(x_{\text{OA}})}{f(x_{\text{OA}})} \times 100\%$$

其中，x_{LR} 表示由拉格朗日松弛算法给出的解；x_{OA} 表示外部估计算法给出的解。

如果 Opt 为负数，表示拉格朗日松弛算法给出的解优于外部估计方法的解。

6.6.4　收敛性分析

图 6.2 和图 6.3 给出了不同拉格朗日松弛算法在 Philadelphia 网络上的收敛过程，其中 $r = 1000$、$\rho = 0.6$、$\kappa = 0.4$、$\theta = 0.67$ $(\alpha = 0.75)$、$\theta = 1.64$ $(\alpha = 0.95)$。图 6.2 和图 6.3 表明，拉格朗日松弛算法需要进行 25～35 次迭代就可以收敛，而且随着 θ 的增大，对偶间隙也在增大。这一点与 Xing 等 [128] 和 Zeng 等 [130] 的结论一致。进一步，提出的 LR-CG 和 LR-SP 具有更快的收敛速度和更小的对偶间隙。例如，LR-CG 和 LR-SP 的 RDG 在前几次迭代中迅速下降，只需要 5～15 次迭代就可以收敛，LR-XZ 则需要 25～35 次才能收敛，而且对偶间隙更大。

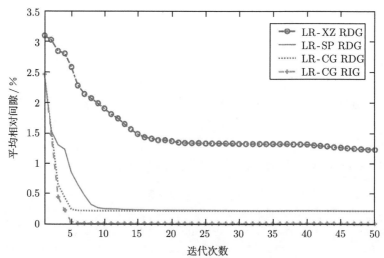

图 6.2　Philadelphia 网络拉格朗日算法的收敛率结果 ($r = 1000$、$\rho = 0.6$、$\kappa = 0.4$、
$\theta = 0.67$)

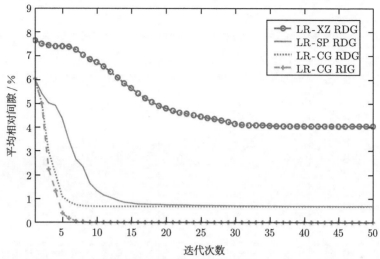

图 6.3 Philadelphia 网络拉格朗日算法的收敛率结果 ($r = 1000$、$\rho = 0.6$、$\kappa = 0.4$、$\theta = 1.64$)

6.6.5 运行时间分析

下面测试不同风险系数下各种算法的计算性能, 包括运行时间、对偶间隙、最优性。表 6.4 给出了当 $r = 1000$ 和 $\kappa = 0.4$ 时, 不同算法的计算结果, 其中, T 为平均运行时间, # of Iter 为平均迭代次数, RDG 和 Opt 分别为收敛精度指标和最优性指标。表 6.5 和表 6.6 给出了不同变异系数和采样数目对算法运行时间的影响。表 6.7 和表 6.8 给出了不同变异系数和采样数目对算法最优性的影响。因为采样数目主要影响 LR-CG 求解主问题 (MMP) 的时间, 所以表 6.6 同时给出了求解一个 MMP 的平均时间。

由表 6.4~表 6.6, 我们有如下结论。首先, 对大多数算例, 基于次梯度方法的 LR-SP 和 LR-XZ 算法具有最快的运算速度, 外部估计方法的运行时间最长。尽管 LR-CG 需要求解一系列的主问题, 当采样数目 r 和 θ 较小时, LR-CG 具有较高的运算速度。例如, 当 $\theta = 0.67$、1.04 时, LR-CG 在计算时间方面甚至优于 LR-SP、LR-XZ 和 OA。这是由于通过求解 MMP, LR-CG 往往只需要求解很少的几个最短路问题就可以收敛。

随着 θ 的增加, 所有算法运行时间都在增长。例如, 对 Philadelphia 网络, 当 $\theta = 3.09$、$\kappa = 0.4$ 时, OA 在规定的时间内无法得到精度小于 1% 的次优解。与 LR-CG 和 OA 相比, LR-SP 和 LR-XZ 具有稳定且较短的计算时间。此外, 与参数 κ 相比, 参数 ρ 对算法计算时间的影响较小。表 6.5 表明, 随着 κ 的增大, LR-CG 和 OA 都需要更多次迭代才能收敛。最后, 随着采样数目 r 的增大, 所有拉格朗日

表 6.4　当 $r = 1000$ 和 $\kappa = 0.4$ 时，不同算法的计算性能比较

网络	ρ	θ	LR-CG				LR-SP				LR-XZ				OA		
			T/s	# of Iter	RDG/%	Opt/%	T/s	# of Iter	RDG/%	Opt/%	T/s	# of Iter	RDG/%	Opt/%	T/s	# of Iter	RDG/%
GCN	0.3	0.67	1.6	4.6	0.073	0	0.6	43.6	0.076	0	0.7	45.0	0.361	0	11.5	3.6	0
		1.04	1.9	5.0	0.156	0	0.7	44.0	0.159	0	0.8	45.4	0.982	0	11.8	3.8	0
		1.64	2.0	5.4	0.222	0	0.7	44.6	0.229	0	0.7	45.8	2.012	0.077	16.4	4.8	0
		2.32	2.1	5.6	0.308	0	0.7	45.0	0.322	0	0.8	50.0	1.979	0.008	18.9	5.4	0
		3.09	2.9	7.6	0.462	0	0.7	45.4	0.479	0	0.8	50.0	4.621	0	28.6	7.2	0
	0.6	0.67	1.2	3.8	0.025	0	0.6	37.4	0.027	0	0.7	45.8	0.260	0	6.9	2.6	0
		1.04	1.3	4.0	0.048	0	0.7	45.0	0.050	0	0.8	50.0	4.989	0	8.6	3	0
		1.64	1.6	5.0	0.096	0	0.7	45.6	0.101	0	0.8	50.0	1.515	0	12.7	4	0
		2.32	2.0	6.2	0.196	0	0.7	46.0	0.208	0	0.8	50.0	3.074	0.005	22.5	6	0
		3.09	2.5	7.8	0.434	0	0.8	46.4	0.455	0	0.9	50.0	2.649	0	27.2	6.8	0
	0.9	0.67	1.4	4.0	0.020	0	0.7	44.0	0.023	0	0.8	50.0	0.462	0	12.2	3	0
		1.04	1.5	4.6	0.063	0	0.7	44.4	0.068	0	0.8	50.0	0.533	0	12.1	3.6	0
		1.64	2.3	6.4	0.205	0	0.8	50.0	0.217	0	0.8	50.0	1.811	0	23.6	6	0
		2.32	1.6	6.4	0.636	0.228	0.8	50.0	0.647	0.228	0.8	50.0	4.040	0.228	27.3	7.4	0
		3.09	2.1	8.2	1.279	0.517	0.7	50.0	1.304	0.517	0.8	50.0	8.795	0.527	42.5	9.8	0
AN	0.3	0.67	1.8	5.8	0.009	0.003	0.9	44.0	0.010	0.003	1.1	50.0	1.252	0.003	106.2	4.6	0
		1.04	1.8	6.2	0.033	0.008	1.0	50.0	0.033	0.008	1.1	50.0	2.047	0.008	103.6	5.8	0
		1.64	2.9	9.4	0.083	0.019	1.1	50.0	0.086	0.019	1.2	50.0	4.214	0.025	135.8	8.2	0
		2.32	4.8	14.4	0.260	0.032	1.1	50.0	0.278	0.031	1.2	50.0	8.059	0.051	198.1	11.4	0
		3.09	8.0	22.4	0.577	0.052	1.0	50.0	0.608	0.052	1.2	50.0	10.213	0.090	271.8	14.2	0
	0.6	0.67	1.7	5.2	0.040	0	1.4	50.0	0.041	0	1.4	50.0	0.252	0	99.2	5.6	0
		1.04	2.3	7.8	0.079	0	1.4	50.0	0.088	0	1.4	50.0	0.597	0	174.2	9.6	0
		1.64	3.6	11.6	0.356	0.001	1.3	50.0	0.369	0	1.3	50.0	1.983	0	245.7	15.8	0
		2.32	4.4	14.4	0.839	0.016	1.3	50.0	0.845	0.006	1.4	50.0	4.436	0.004	512.5	27.2	0.037
		3.09	6.4	19.8	1.383	0.014	1.2	50.0	1.394	**-0.004**	1.3	50.0	7.012	0.067	606.6	32.6	0.174
	0.9	0.67	1.8	6.2	0.010	0	1.0	42.8	0.011	0	1.2	50.0	0.148	0	98.7	4.8	0
		1.04	2.0	8.0	0.028	0	1.1	50.0	0.030	0	1.1	50.0	0.716	0	147.3	7	0
		1.64	4.1	17.6	0.266	0	1.1	50.0	0.102	0	1.2	50.0	2.685	0	206.4	12.8	0

网络	ρ	θ	LR-CG T/s	# of Iter	RDG/%	Opt/%	LR-SP T/s	# of Iter	RDG/%	Opt/%	LR-XZ T/s	# of Iter	RDG/%	Opt/%	OA T/s	# of Iter	RDG/%
PN		2.32	4.1	15.0	0.263	0.001	1.1	50.0	0.267	0.001	1.2	50.0	5.132	0.001	368.4	21.6	0.001
		3.09	4.7	15.6	0.557	0.015	1.0	50.0	0.557	0.002	1.2	50.0	8.012	0.002	401.7	23	0.033
	0.3	0.67	2.4	8.8	0.102	0	2.7	43.0	0.107	0	3.3	50.0	1.040	0	282.9	8.4	0.005
		1.04	2.6	9.8	0.257	−0.008	3.0	50.0	0.270	−0.008	3.2	50.0	2.356	0.003	316.8	10.6	0.036
		1.64	3.2	13.2	0.639	−0.049	2.7	50.0	0.656	−0.049	3.0	50.0	4.392	−0.049	477.9	15.2	0.17
		2.32	4.4	17.4	1.226	−0.050	2.7	50.0	1.263	−0.050	3.1	50.0	7.338	−0.038	585.0	19	0.72
		3.09	6.8	22.6	2.020	−0.177	2.4	50.0	2.099	−0.190	2.9	50.0	10.905	−0.090	601.2	18.8	2.095
	0.6	0.67	1.6	6.2	0.118	0	2.6	43.0	0.122	0	3.1	50.0	1.143	0	192.2	6.4	0
		1.04	2.5	9.6	0.283	0	2.8	50.0	0.288	−0.006	3.0	50.0	2.627	−0.006	339.9	12.4	0.011
		1.64	3.2	12.6	0.603	−0.010	2.7	50.0	0.627	−0.011	3.0	50.0	4.963	−0.010	505.7	18	0.163
		2.32	4.5	17.4	1.037	−0.090	2.6	50.0	1.098	−0.090	3.0	50.0	7.138	−0.077	601.3	19.6	0.762
		3.09	6.8	22.8	1.692	−0.176	2.3	50.0	1.804	−0.205	2.9	50.0	10.336	−0.155	601.1	18.6	2.065
	0.9	0.67	1.6	5.6	0.772	0	2.4	43.0	0.070	0	3.0	50.0	1.757	0	233.6	5.6	0
		1.04	2.4	8.8	0.144	0.003	2.7	50.0	0.150	0	3.0	50.0	3.057	0	347.6	11	0.003
		1.64	2.8	10.4	0.420	0	2.5	50.0	0.440	−0.003	2.9	50.0	5.832	−0.001	491.7	19.2	0.062
		2.32	4.1	15.4	0.928	−0.069	2.5	50.0	1.029	−0.037	3.0	50.0	8.627	−0.062	601.3	21.4	0.739
		3.09	6.6	21.4	1.799	−0.139	2.3	50.0	2.034	−0.065	2.9	50.0	12.605	−0.122	601.4	20.4	1.977

松弛方法的计算时间均增长。这是由于拉格朗日乘子的维度和主问题的规模均随采样数目的增加而增加。然而，与 OA 相比，拉格朗日松弛方法仍具有很好的计算效率优势。

表 6.5　不同变异系数下，不同算法计算时间比较 ($r = 1000$、$\rho = 0.6$)

κ	θ	LR-CG		LR-SP		LR-XZ		OA	
		T/s	# of Iter	T/s	# of Iter	T/s	# of Iter	T/s	# of Iter
	0.67	1.5	4.8	2.7	42.4	3.2	50.0	119.8	4.4
	1.04	1.9	6.2	2.8	44.2	3.2	50.0	137.3	5.6
0.2	1.64	1.8	7.0	3.2	50.0	3.1	50.0	220.2	9.4
	2.32	2.2	9.2	3.0	50.0	3.0	50.0	318.7	13.4
	3.09	3.1	13.0	3.0	50.0	3.0	50.0	488.4	18.2
	0.67	1.6	6.2	2.6	43.0	3.1	50.0	192.2	6.4
	1.04	2.5	9.6	2.8	50.0	3.0	50.0	339.9	12.4
0.4	1.64	3.2	12.6	2.7	50.0	3.0	50.0	505.7	18.0
	2.32	4.5	17.4	2.6	50.0	3.0	50.0	601.3	19.6
	3.09	6.8	22.8	2.3	50.0	2.9	50.0	601.1	18.6
	0.67	2.9	10.0	2.7	50.0	2.9	50.0	242.8	11.8
	1.04	3.0	10.8	2.7	50.0	3.0	50.0	421.8	19.6
0.6	1.64	5.6	16.6	2.4	50.0	2.9	50.0	545.8	21.6
	2.32	10.3	24.2	2.4	50.0	2.9	50.0	601.0	20.6
	3.09	20.8	34.8	2.2	50.0	2.8	50.0	601.3	20.0

表 6.6　不同采样数目下，不同算法计算时间比较 ($\rho = 0.6$、$\kappa = 0.4$)

r	θ	LR-CG			LR-SP		LR-XZ		OA	
		T/s	# of Iter	MMP/s	T/s	# of Iter	T/s	# of Iter	T/s	# of Iter
	0.67	1.9	8.0	0.08	2.0	50.0	2.3	50.0	274.6	15.0
	1.04	2.7	10.8	0.12	1.9	50.0	2.2	50.0	385.2	19.2
500	1.64	3.8	15.6	0.16	1.7	50.0	2.1	50.0	563.1	25.4
	2.32	4.7	18.2	0.18	1.6	50.0	2.1	50.0	600.8	23.4
	3.09	6.6	25.6	0.20	1.5	50.0	2.0	50.0	600.9	22.2
	0.67	1.6	6.2	0.09	2.6	43.0	3.1	50.0	192.2	6.4
	1.04	2.5	9.6	0.12	2.8	50.0	3.0	50.0	339.9	12.4
1000	1.64	3.2	12.6	0.14	2.7	50.0	3.0	50.0	505.7	18.0
	2.32	4.5	17.4	0.16	2.6	50.0	3.0	50.0	601.3	19.6
	3.09	6.8	22.8	0.21	2.3	50.0	2.9	50.0	601.1	18.6
	0.67	2.2	7.2	0.13	3.2	43.2	3.9	50.0	237.6	6.2
	1.04	2.8	9.2	0.15	3.6	50.0	3.9	50.0	402.8	13.6
1500	1.64	3.9	12.0	0.19	3.4	50.0	3.9	50.0	494.0	16.2
	2.32	5.6	16.6	0.21	3.3	50.0	3.9	50.0	601.5	19.4
	3.09	8.2	20.8	0.29	3.2	50.0	3.8	50.0	601.4	18.2

表 6.7　不同风险系数下，不同算法的对偶间隙和最优性比较 ($r = 1000$、$\rho = 0.6$)

κ	θ	LR-CG		LR-SP		LR-XZ		OA
		Gap/%	Opt/ %	Gap/%	Opt/ %	Gap/%	Opt/ %	Gap/%
	0.67	0.047	**0**	0.048	**0**	0.441	**0**	0.000
	1.04	0.100	**0**	0.103	**0**	0.444	**0**	0.000
0.2	1.64	0.226	**0**	0.231	**0**	2.567	0.005	0.000
	2.32	0.416	**−0.003**	0.424	**−0.003**	2.04	**−0.003**	0.012
	3.09	0.680	**0**	0.678	**−0.008**	3.492	**−0.008**	0.079
	0.67	0.118	**0**	0.122	**0**	1.143	**0**	0.000
	1.04	0.283	**0**	0.288	**−0.006**	2.627	**−0.006**	0.011
0.4	1.64	0.603	**−0.010**	0.627	**−0.011**	4.963	**−0.010**	0.163
	2.32	1.037	**−0.090**	1.098	**−0.090**	7.138	**−0.077**	0.762
	3.09	1.692	**−0.176**	1.804	**−0.205**	10.336	**−0.155**	2.065
	0.67	0.187	**0**	0.194	**0**	2.987	**0**	0.000
	1.04	0.500	**−0.011**	0.509	**−0.011**	5.596	**0**	0.054
0.6	1.64	1.295	**−0.028**	1.355	**−0.027**	9.2	**−0.020**	0.717
	2.32	2.340	**−0.035**	2.563	**−0.006**	15.316	**−0.013**	2.126
	3.09	3.818	**−0.131**	4.511	**−0.014**	21.187	**−0.005**	4.276

表 6.8　不同采样数目下，不同算法的对偶间隙和最优性比较 ($\rho = 0.6$、$\kappa = 0.4$)

r	θ	LR-CG		LR-SP		LR-XZ		OA
		Gap/%	Opt/ %	Gap/%	Opt/ %	Gap/%	Opt/ %	Gap/%
	0.67	0.185	**0**	0.188	**0**	2.039	0.003	0.000
	1.04	0.379	**−0.001**	0.387	**−0.006**	3.349	0.035	0.079
500	1.64	0.812	**−0.063**	0.857	**−0.064**	6.221	0.041	0.535
	2.32	1.426	**−0.138**	1.517	**−0.167**	10.401	0.018	1.706
	3.09	2.194	**−0.333**	2.535	**−0.303**	14.468	**−0.014**	3.227
	0.67	0.118	**0**	0.122	**0**	1.143	**0**	0.000
	1.04	0.283	**0**	0.288	**−0.006**	2.627	**−0.006**	0.011
1000	1.64	0.603	**−0.010**	0.627	**−0.011**	4.963	**−0.010**	0.163
	2.32	1.037	**−0.090**	1.098	**−0.090**	7.138	**−0.077**	0.762
	3.09	1.692	**−0.176**	1.804	**−0.205**	10.336	**−0.155**	2.065
	0.67	0.183	**0**	0.186	**0**	1.586	**0**	0.000
	1.04	0.397	0.0130	0.405	**0**	3.413	**0**	0.000
1500	1.64	0.844	**−0.015**	0.861	**−0.015**	6.251	**−0.005**	0.222
	2.32	1.532	**−0.116**	1.578	**−0.152**	9.699	**−0.113**	0.966
	3.09	2.509	**−0.290**	2.720	**−0.365**	14.892	**−0.335**	2.312

6.6.6　对偶间隙和最优性分析

表 6.4、表 6.7、表 6.8 表明，与现有的 LR-XZ 相比，LR-CG 和 LR-SP 具有最小的对偶间隙。当网络规模较大或者 θ 较大时，在规定时间内，LR-CG 和 LR-SP 的计算精度甚至优于 OA 方法。例如，对于 Philadelphia 交通网络，当 $\theta = 3.09$、$\rho = 0.6$、$\kappa = 0.4$ 时，LR-CG 和 LR-SP 的 RDG 只有 LR-XZ 的 1/5。对所有的问

题，当 $\theta \leqslant 1.64$ 时，LR-CG 和 LR-SP 的 RDG 总小于 1%。随着 θ 或 κ 的增大，鲁棒最短路问题对所有算法都变得更加难以求解。

对 Gold Coast 网络和 Austin 网络的大多数算例，OA 经过较长的计算时间，可以给出更好的解。然而，对应大规模的 Philadelphia 网络，拉格朗日松弛算法解的最优性指标优于 OA 方法。例如，对几乎所有的 Philadelphia 网络算例，LR-SP 可以给出比 OA 更好的解。表 6.7 和表 6.8 同时表明，变异系数和样本数目对算法最优性的影响比风险系数的影响要小。

6.7　本 章 小 结

本章以旅行时间相关的鲁棒路径规划问题为例，介绍两种基于拉格朗日对偶的估计求解随机参数相关的鲁棒优化问题的算法。本章提出的拉格朗日算法可以进一步应用于具有类似结构的随机参数相关的鲁棒优化问题。

参 考 文 献

[1] Samson S, Reneke J A, Wiecek M M. A review of different perspectives on uncertainty and risk and an alternative modeling paradigm. Reliability Engineering & System Safety, 2009, 94(2):558–567.

[2] Verderame P M, Elia J A, Li J, et al. Planning and scheduling under uncertainty: A review across multiple sectors. Industrial & Engineering Chemistry Research, 2010, 49(9):3993–4017.

[3] Webster N. Webster's Encyclopedic Unabridged Dictionary of the English Language. New York: Gramercy Books, 1996.

[4] Grantham L K, Stone R B, Tumer I Y. Function based risk assessment: Mapping function to likelihood //Proceedings of 2005 ASME International Design Engineering Technical Conferences & Computers and Information in Engineering Conference. American Society of Mechanical Engineers, California, 2005: 455–467.

[5] Horst R, Pardalos P M, van Thoai N. Introduction to Global Optimization. Berlin: Springer, 2000.

[6] 谢非. 风险管理原理与方法. 重庆: 重庆大学出版社, 2013.

[7] Kall P, Wallace S W. Stochastic Programming. New York: Wiley, 1994.

[8] Birge J R, Louveaux F. Introduction to Stochastic Programming. Berlin: Springer, 2011.

[9] Soyster A L. Technical note:Convex programming with set-inclusive constraints and applications to inexact linear programming. Operations Research, 1973, 21(5):1154–1157.

[10] Ghaoui L E, Lebret H. Robust solutions to least-squares problems with uncertain data. SIAM Journal on Matrix Analysis and Applications, 1997, 18(4):1035–1064.

[11] Ben-Tal A, Nemirovski A. Robust truss topology design via semidefinite programming. SIAM Journal on Optimization, 1997, 7(4):991–1016.

[12] van Slyke R M, Wets R. L-shaped linear programs with applications to optimal control and stochastic programming. SIAM Journal on Applied Mathematics, 1969, 17(4):638–663.

[13] Birge J R, Louveaux F V. A multicut algorithm for two-stage stochastic linear programs. European Journal of Operational Research, 1988, 34(3):384–392.

[14] Laporte G, Louveaux F V. The integer L-shaped method for stochastic integer programs with complete recourse. Operations Research Letters, 1993, 13(3):133–142.

[15] Birge J R. Decomposition and partitioning methods for multistage stochastic linear programs. Operations Research, 1985, 33(5):989–1007.

[16] Ruszczyński A. Parallel decomposition of multistage stochastic programming problems. Mathematical Programming, 1993, 58(1-3):201–228.

[17] Løkketangen A, Woodruff D L. Progressive hedging and tabu search applied to mixed integer (0, 1) multistage stochastic programming. Journal of Heuristics, 1996, 2(2):111–128.

[18] Swamy C, Shmoys D B. Sampling-based approximation algorithms for multi-stage stochastic optimization. Probabilistic Methods in the Design and Analysis of Algorithms, 2012, 41(4): 975-1004.

[19] Ahmed S, Shapiro A. Solving Chance-Constrained Stochastic Programs via Sampling and Integer Programming. Maryland: INFORMS, 2008.

[20] Pagnoncelli B K, Ahmed S, Shapiro A. Sample average approximation method for chance constrained programming: Theory and applications. Journal of Optimization Theory and Applications, 2009, 142(2):399–416.

[21] Chen L, He S M, Zhang S Z. Tight bounds for some risk measures, with applications to robust portfolio selection. Operations Research, 2011, 59(4):847–865.

[22] Rockafellar R T, Uryasev S. Optimization of conditional value-at-risk. Journal of Risk, 2000, 2:21–42.

[23] Rockafellar R T, Uryasev S. Conditional value-at-risk for general loss distributions. Journal of Banking & Finance, 2002, 26(7):1443–1471.

[24] Artzner P, Delbaen F, Eber J M,et al. Coherent measures of risk. Mathematical Finance, 1999, 9:203–228.

[25] Shapiro A, Dentcheva D, Ruszczynski A. Lectures on Stochastic Programming: Modeling and Theory. Philadelphia: SIAM, 2009.

[26] Ghaoui L E, Oustry F, Lebret H. Robust solutions to uncertain semidefinite programs. SIAM Journal on Optimization, 1998, 9(1):33–52.

[27] Ben-Tal A, El Ghaoui L, Lebret H. Robust Semidefinite Programming. Dordrent: Kluwer, 1998.

[28] Scarf H, Arrow K J, Karlin S. A min-max solution of an inventory problem. Studies in the Mathematical Theory of Inventory and Production, 1958, 10: 201–209.

[29] Bertsimas D, Thiele A. A robust optimization approach to inventory theory. Operations Research, 2006, 54(1):150–168.

[30] Aharon B, Boaz G, Shimrit S. Robust multi-echelon multi-period inventory control. European Journal of Operational Research, 2009, 199(3):922–935.

[31] See C, Sim M. Robust approximation to multiperiod inventory management. Operations Research, 2010, 58(3):583–594.

[32] Chen X, Sim M, Sun P. A robust optimization perspective on stochastic programming. Operations Research, 2007, 55(6):1058–1071.

[33] Bertsimas D, Mišić V V. Robust product line design. Operations Research, 2017, 65(1):19–37.

[34] Bandi C, Trichakis N, Vayanos P. Robust multiclass queuing theory for wait time estimation in resource allocation systems. Management Science, 2019, 65(1):152–187.

[35] Chen M, Chen Z L. Robust dynamic pricing with two substitutable products. Manufacturing & Service Operations Management, 2018, 20(2):249–268.

[36] Zhen J, Den H D, Sim M. Adjustable robust optimization via Fourier–Motzkin elimination. Operations Research, 2018, 66(4):1086–1100.

[37] Hanasusanto G A, Kuhn D. Conic programming reformulations of two-stage distributionally robust linear programs over wasserstein balls. Operations Research, 2018, 66(3):849–869.

[38] Kuhn D, Esfahani P M, Nguyen V A , et al. Wasserstein distributionally robust optimization: Theory and applications in machine learning //Operations Research & Management Science in the Age of Analytics, Maryland, 2019: 130–166.

[39] Olivares-Nadal A V , DeMiguel V. A robust perspective on transaction costs in portfolio optimization. Operations Research, 2018, 66(3):733–739.

[40] Carlsson J G, Behroozi M, Mihic K. Wasserstein distance and the distributionally robust TSP. Operations Research, 2018, 66(6):1603–1624.

[41] Bertsimas D, Dunn J, Pawlowski C, et al. Robust classification. INFORMS Journal on Optimization, 2019, 1(1):2–34.

[42] Bertsimas D, Sim M,Zhang M L. Adaptive distributionally robust optimization. Management Science, 2019, 65(2):604–618.

[43] Mittal A, Gokalp C, Hanasusanto G A. Robust quadratic programming with mixed-integer uncertainty. INFORMS Journal on Computing, 2020, 32(2):201–218.

[44] Ahipaşaoğlu S D, Arıkan U, Natarajan K. Distributionally robust Markovian traffic equilibrium. Transportation Science, 2019, 53(6):1546–1562.

[45] Bertsimas D, Dunning I. Relative robust and adaptive optimization. INFORMS Journal on Computing, 2020, 32(2):408–427.

[46] He L, Hu Z Y, Zhang M L. Robust repositioning for vehicle sharing. Manufacturing & Service Operations Management, 2020, 22(2):241–256.

[47] Flajolet A, Blandin S, Jaillet P. Robust adaptive routing under uncertainty. Operations Research, 2018, 66(1):210–229.

[48] Ghosal S, Wiesemann W. The distributionally robust chance constrained vehicle routing problem. Operations Research, 2020, 20(3): 127-135.

[49] Eufinger L, Kurtz J, Buchheim C, et al. A robust approach to the capacitated vehicle routing problem with uncertain costs. INFORMS Journal on Optimization, 2020, 2(2):79–95.

[50] Klabjan D, Simchi-Levi D, Song M. Robust stochastic lot-sizing by means of histograms. Production and Operations Management, 2013, 22(3):691–710.

[51] Xu H, Caramanis C, Mannor S. A distributional interpretation of robust optimization. Mathematics of Operations Research, 2012, 37(1):95–110.

[52] Ben-Tal A, Nemirovski A. Robust solutions of uncertain linear programs. Operations Research Letters, 1999, 25(1):1–13.

[53] Ben-Tal A, Nemirovski A. Robust solutions of linear programming problems contaminated with uncertain data. Mathematical Programming, 2000, 88(3):411–424.

[54] Ben-Tal A, Goryashko A, Guslitzer E, et al. Adjustable robust solutions of uncertain linear programs. Mathematical Programming, 2004, 99(2):351–376.

[55] Bertsimas D, Pachamanova D, Sim M. Robust linear optimization under general norms. Operations Research Letters, 2004, 32(6):510–516.

[56] Bental A, Nemirovski A. Robust optimization-methodology and applications. Mathematical Programming, 2002, 92(3):453–480.

[57] Boni O, Ben-Tal A, Nemirovski A. Robust solutions to conic quadratic problems and their applications. Optimization and Engineering, 2008, 9(1):1–18.

[58] Ben-Tal A, Nemirovski A. On tractable approximations of uncertain linear matrix inequalities affected by interval uncertainty. SIAM Journal on Optimization, 2002, 12(3):811–833.

[59] Bertsimas D, Sim M. Tractable approximations to robust conic optimization problems. Mathematical Programming, 2006, 107(1-2):5–36.

[60] Ben-Tal A, Nemirovski A. Robust convex optimization. Mathematics of Operations Research, 1998, 23(4):769–805.

[61] Ben-Tal A, Nemirovski A. Selected topics in robust convex optimization. Mathematical Programming, 2008, 112(1):125–158.

[62] Bertsimas D, Sim M. Robust discrete optimization and network flows. Mathematical Programming, 2003, 98(1):49–71.

[63] Ben-Tal A, Boyd S, Nemirovski A. Extending scope of robust optimization: Comprehensive robust counterparts of uncertain problems. Mathematical Programming, 2006, 107(1-2):63–89.

[64] Xu H, Caramanis C, Mannor S. Robustness and regularization of support vector machines. The Journal of Machine Learning Research, 2009, 10:1485–1510.

[65] Yue J F, Chen B T, Wang M C. Expected value of distribution information for the newsvendor problem. Operations Research, 2006, 54(6):1128–1136.

[66] Popescu I. Robust mean-covariance solutions for stochastic optimization. Operations Research, 2007, 55(1):98–112.

[67] Dupačová J. The minimax approach to stochastic programming and an illustrative application. Stochastics: An International Journal of Probability and Stochastic Processes, 1987, 20(1):73–88.

[68] Delage E, Ye Y Y. Distributionally robust optimization under moment uncertainty with application to data-driven problems. Operations Research, 2010, 58(3):595–612.

[69] Lagoa C M, Barmish B R. Distributionally robust Monte Carlo simulation: A tutorial survey. IFAC Proceedings Volumes, 2002, 35(1):151–162.

[70] Shapiro A, Kleywegt A. Minimax analysis of stochastic problems. Optimization Methods and Software, 2002, 17(3):523–542.

[71] Shapiro A. Worst-case distribution analysis of stochastic programs. Mathematical Programming, 2006, 107(1-2):91–96.

[72] Popescu I. A semidefinite programming approach to optimal-moment bounds for convex classes of distributions. Mathematics of Operations Research, 2005, 30(3):632–657.

[73] Haneveld W K K. Robustness Against Dependence in Pert: An Application of Duality and Distributions with Known Marginals. Berlin: Springer, 1986: 153–182.

[74] Calafiore G C. Ambiguous risk measures and optimal robust portfolios. SIAM Journal on Optimization, 2007, 18(3):853–877.

[75] Pflug G, Wozabal D. Ambiguity in portfolio selection. Quantitative Finance, 2007, 7(4):435–442.

[76] Wozabal D. A framework for optimization under ambiguity. Annals of Operations Research, 2012, 193(1):21–47.

[77] Bental A, Den H D, De W A, et al. Robust solutions of optimization problems affected by uncertain probabilities. Management Science, 2013, 59(2):341–357.

[78] Shapiro A. On Duality Theory of Conic Linear Problems. Boston: Springer, 2001.

[79] Bertsimas D, Popescu I. Optimal inequalities in probability theory: A convex optimization approach. SIAM Journal on Optimization, 2005, 15(3):780–804.

[80] 方述诚, 刑文训. 线性锥优化. 北京：科学出版社, 2013.

[81] Sturm J F, Zhang S Z. On cones of nonnegative quadratic functions. Mathematics of Operations Research, 2003, 28(2):246–267.

[82] Vandenberghe L, Boyd S. Semidefinite programming. SIAM Review, 1996, 38(1):49–95.

[83] Wolkowicz H, Saigal R, Vandenberghe L. Handbook of Semidefinite Programming: Theory, Algorithms, and Applications, Volume 27. Berlin: Springer, 2000.

[84] Polik I, Terlaky T, Zinchenko Y. Sedumi: A package for conic optimization: IMA workshop on optimization and control. Minnesota: Univ. Minnesota, Minneapolis, 2007.

[85] Toh K C, Todd M J, Tütüncü R H. On the Implementation and Usage of SDPT3:A Matlab Software Package for Semidefinite-Quadratic-linear Programming, Version 4.0. Berlin: Springer, 2012.

[86] 路程. 非负二次函数锥规划：理论与算法. 北京：清华大学, 2011.

[87] Natarajan K, Zhou L Y. A mean-variance bound for a three-piece linear function. Probability in the Engineering and Informational Sciences, 2007, 21(4):611–621.

[88] Lo A W. Semi-parametric upper bounds for option prices and expected payoffs. Journal of Financial Economics, 1987, 19(2):373–387.

[89] Zhu S S, Fukushima M. Worst-case conditional value-at-risk with application to robust portfolio management. Operations Research, 2009, 57(5):1155–1168.

[90] Wagner H M, Whitin T M. Dynamic version of the economic lot size model. Management Science, 1958, 5(1):89–96.

[91] Manne A S. Programming of economic lot sizes. Management Science, 1958, 4(2):115–135.

[92] Aksen D, Altınkemer K, Chand S. The single-item lot-sizing problem with immediate lost sales. European Journal of Operational Research, 2003, 147(3):558–566.

[93] Sandbothe R A, Thompson G L. A forward algorithm for the capacitated lot size model with stockouts. Operations Research, 1990, 38(3):474–486.

[94] Sox C R. Dynamic lot sizing with random demand and non-stationary costs. Operations Research Letters, 1997, 20(4):155–164.

[95] Brandimarte P. Multi-item capacitated lot sizing with demand uncertainty. International Journal of Production Research, 2006, 44(15):2997–3022.

[96] Zhang Y L, Shen Z J M, Song S J. Distributionally robust optimization of two-stage lot-sizing problems. Production and Operations Management, 2016, 25(12):2116–2131.

[97] McDiarmid C. Concentration. Berlin: Springer, 1998.

[98] Shawe-Taylor J, Cristianini N. Estimating the moments of a random vector with applications//GRETSI, Southampton, 2003: 47–52.

[99] Pochet Y, Wolsey L A. Lot-size models with backlogging: Strong reformulations and cutting planes. Mathematical Programming, 1988, 40(1-3):317–335.

[100] Fan K Y. Minimax theorems. Proceedings of the National Academy of Sciences of the United States of America, 1953, 39(1):42.

[101] Atamturk A, Berenguer G, Shen Z J. A conic integer programming approach to stochastic joint location-inventory problems. Operations Research, 2012, 60(2):366–381.

[102] Shu J, Teo C, Shen Z J M. Stochastic transportation-inventory network design problem. Operations Research, 2005, 53(1):48–60.

[103] Shen Z J M, Qi L. Incorporating inventory and routing costs in strategic location models. European Journal of Operational Research, 2007, 179(2):372–389.

[104] Carstensen P J. The complexity of some problems in parametric linear and combinatorial programming. Michigan: University of Michigan, 1983.

[105] Mulmuley K, Shah P. A lower bound for the shortest path problem //Proceedings 15th Annual Conference on Computational Complexity, 2000: 14–21.

[106] Rostami B, Malucelli F, Frey D, et al. On the quadratic shortest path problem. //International Symposium on Experimental Algorithms, Berlin, 2015: 379–390.

[107] Millar P W. The minimax principle in asymptotic statistical theory. Lecture Notes in Mathematics, 1983, 976: 75–265.

[108] Murty K G, Kabadi S N. Some NP-complete problems in quadratic and nonlinear programming. Mathematical Programming, 1987, 39(2):117–129.

[109] Calafiore G C, Campi M C. The scenario approach to robust control design. IEEE Transactions on Automatic Control, 2006, 51(5):742–753.

[110] Mohajerin E P, Sutter T, Lygeros J. Performance bounds for the scenario approach and an extension to a class of non-convex programs. IEEE Transactions on Automatic Control, 2015, 60(1):46–58.

[111] Anstreicher K M. On convex relaxations for quadratically constrained quadratic programming. Mathematical Programming, 2012, 136(2):233–251.

[112] Zhang Y L, Song S J, Shen Z J M, et al. Robust shortest path problem with distributional uncertainty. IEEE Transactions on Intelligent Transportation Systems, 2018, 19(4):1080–1090.

[113] Shahabi M, Unnikrishnan A, Boyles S D. An outer approximation algorithm for the robust shortest path problem. Transportation Research Part E: Logistics and Transportation Review, 2013, 58:52–66.

[114] Bar-Gera H. Transportation network test problems. Https://github.com/bstabler/TransportationNetworks [2016-12-3].

[115] Hardin J, Garcia S R, Golan D, et al. A method for generating realistic correlation matrices. The Annals of Applied Statistics, 2013, 7(3):1733–1762.

[116] Zhang Y L, Shen Z J M, Song S J. Parametric search for the bi-attribute concave shortest path problem. Transportation Research Part B: Methodological, 2016, 94:150–168.

[117] Zhang Y L, Shen Z J M, Song S J. Exact algorithms for distributionally β-robust machine scheduling with uncertain processing times. INFORMS Journal on Computing, 2018, 30(4):662–676.

[118] Wu X, Nie Y M. Modeling heterogeneous risk-taking behavior in route choice: A stochastic dominance approach. Transportation Research Part A: Policy and Practice, 2011, 17(9):896–915.

[119] Khani A, Boyles S D. An exact algorithm for the mean-standard deviation shortest path problem. Transportation Research Part B: Methodological, 2015, 81: 252–266.

[120] Henig M I. The shortest path problem with two objective functions. European Journal of Operational Research, 1986, 25(2):281–291.

[121] Shahabi M, Unnikrishnan A, Boyles S D. Robust optimization strategy for the shortest path problem under uncertain link travel cost distribution. Computer-Aided Civil and Infrastructure Engineering, 2015, 30(6):433–448.

[122] Shahabi M, Unnikrishnan A, Boyles S D. An outer approximation algorithm for the robust shortest path problem. Transportation Research Part E: Logistics and Transportation Review, 2013, 58:52–66.

[123] Thomas H C, Leiserson C E, Rivest R L, et al. Introduction to Algorithms, Volume 6. Cambridge: MIT Press, 2001.

[124] Carlyle W M, Wood R K. Near-shortest and k-shortest simple paths. Networks, 2005, 46(2):98–109.

[125] Raith A, Ehrgott M. A comparison of solution strategies for biobjective shortest path problems. Computers & Operations Research, 2009, 36(4):1299–1331.

[126] Chen P, Nie Y. Bicriterion shortest path problem with a general nonadditive cost. Transportation Research Part B: Methodological, 2013, 57(5):419–435.

[127] Nikolova E. High-performance heuristics for optimization in stochastic traffic engineering problems// International Conference on Large-Scale Scientific Computing, Berlin, 2009: 352–360.

[128] Xing T, Zhou X S. Finding the most reliable path with and without link travel time correlation: A lagrangian substitution based approach. Transportation Research Part B: Methodological, 2011, 45(10):1660–1679.

[129] Noland R B, Small K A, Koskenoja P M, et al. Simulating travel reliability. Regional Science and Urban Economics, 1998, 28(5):535–564.

[130] Zeng W L, Miwa T, Wakita Y, et al. Application of Lagrangian relaxation approach to α-reliable path finding in stochastic networks with correlated link travel times. Transportation Research Part C: Emerging Technologies, 2015, 56:309–334.

[131] Golub G H, van Loan C. Matrix Computations, Volume 3. Maryland: Johns Hopkins University Press, 2012.

[132] Hogben L. Handbook of Linear Algebra. New York: Chapman and Hall. 2013.

[133] Zhang Y L, Shen Z J M, Song S J. Lagrangian relaxation for the reliable shortest path problem with correlated link travel times. Transportation Research Part B: Methodological, 2017, 104:501–521.

[134] Bertsekas D P. Nonlinear Programming. 2nd Ed. Belmont: Athena Scientific, 1999.

[135] Ben-Tal A, Nemirovski A. Lectures on Modern Convex Optimization: Analysis, Algorithms, and Engineering Applications, Volume 2. SIAM, 2001, 2: 485–488.

[136] Chen B Y, Lam W HK, Li Q Q. Efficient solution algorithm for finding spatially dependent reliable shortest path in road networks. Journal of Advanced Transportation, 2016, 50(7):1413–1431.

[137] Carrion C, Levinson D. Value of travel time reliability: A review of current evidence. Transportation Research Part A: Policy and Practice, 2012, 46(4):720–741.

[138] Bertsekas D P. Network Optimization: Continuous and Discrete Models. Belmont: Athena Scientific, 1998.

编　后　记

　　"博士后文库"是汇集自然科学领域博士后研究人员优秀学术成果的系列丛书。"博士后文库"致力于打造专属于博士后学术创新的旗舰品牌，营造博士后百花齐放的学术氛围，提升博士后优秀成果的学术影响力和社会影响力。

　　"博士后文库"出版资助工作开展以来，得到了全国博士后管委会办公室、中国博士后科学基金会、中国科学院、科学出版社等有关单位领导的大力支持，众多热心博士后事业的专家学者给予积极的建议，工作人员做了大量艰苦细致的工作。在此，我们一并表示感谢！

"博士后文库"编委会